G. HUCHE

CONSEILS PRATIQUES

AUX

AMATEURS D'ÉLECTRICITÉ

POUR LA FABRICATION ÉCONOMIQUE

DES

PILES — SONNERIES — ACCUMULATEURS — ALLUMOIRS

APPAREILS DE SURETÉ, ETC.

5ᵉ ÉDITION

Revue et augmentée par

F. OTTMANN

PARIS

CHARLES MENDEL, Éditeur

118, Rue d'Assas, 118

CONSEILS PRATIQUES

AUX

AMATEURS D'ÉLECTRICITÉ

G. HUCHE

CONSEILS PRATIQUES

AUX

AMATEURS D'ÉLECTRICITÉ

POUR LA FABRICATION ÉCONOMIQUE

DES

PILES — SONNERIES — ACCUMULATEURS — ALLUMOIRS

APPAREILS DE SURETÉ, ETC.

5e ÉDITION

Revue et augmentée par

F. OTTMANN

PARIS

CHARLES MENDEL, ÉDITEUR

118, Rue d'Assas, 118

CONSEILS PRATIQUES

AUX

AMATEURS D'ÉLECTRICITÉ

CONFECTION DES PILES

Pile économique.

Je confectionne mes éléments moi-même. Ils ne me reviennent pas cher, sont tout aussi puissants que les éléments Leclanché qu'on achète dans le commerce, et sont très durables. — J'achète une quantité suffisante de peroxyde de manganèse et je le concasse en morceaux de la grosseur d'un pois que je mélange par parties égales à du menu coke ou mieux du charbon de cornue, également concassé en menus morceaux.

J'enferme le tout dans un petit sac de toile au milieu duquel est planté un morceau de charbon de cornue qui servira d'électrode. Un bâton de zinc, une dissolution de chlorhydrate d'ammoniaque et un bocal à confitures complètent tout l'attirail. C'est avec des éléments de ce genre que j'ai monté des sonneries qui fonctionnent depuis plus d'un an sans y toucher, et un seul élément suffit largement.

Fig. 1

NOTA. — Cette pile m'a rendu les meilleurs services. Avec quatre éléments ainsi construits, j'ai pu faire fonctionner quatre timbres électriques et faire sonner l'heure à ces quatre timbres à l'aide d'une horloge aménagée de la manière qui est décrite plus loin.

Tout cet aménagement est excessivement intéressant et reste pourtant à la portée de tous les amateurs, car il ne demande qu'un peu de soin et une adresse très ordinaire.

F. OTTMANN.

Nouvelle pile à deux liquides à vase non poreux.

Le principe de séparer les deux liquides d'une pile par un vase poreux trouve dans l'usage pratique des difficultés très grandes.

1º Le vase poreux offre une grande résistance ;

2º Les deux liquides étant de densité différente,

ils arrivent rapidement, par une suite de phénomènes d'endosmose, à se mélanger au bout de fort peu de temps, et l'on perd ainsi tout le bénéfice de leur séparation.

Ces inconvénients m'ont conduit à l'idée de construire des piles à deux liquides, dans lesquelles il n'y a plus un vase poreux et non conducteur, mais un vase non poreux et bon conducteur.

J'ai construit une petite pile au sulfate de cuivre, dans laquelle le vase en terre de pipe était remplacé par un vase en cuivre rouge, et je me suis servi, à mon entière satisfaction, de quatre de ces éléments pour un petit téléphone.

Les piles ainsi construites ont le désavantage de ne pas permettre l'utilisation de l'acide sulfurique, formé par la décomposition du sulfate de cuivre, mais, vu le bas prix de ce produit, ce défaut est fort minime et est largement compensé par la sécurité absolue, quant au mélange des solutions.

J'ai construit également, d'après le même principe, une pile au bichromate à deux liquides, en employant un vase en charbon comprimé.

Le résultat serait parfait si la grande résistance du vase de charbon ne diminuait sensiblement le débit; en tous cas, j'indique une voie dans laquelle les lecteurs chercheront, avec succès peut-être, le problème si souvent posé d'une pile à grand débit ne s'usant pas à circuit ouvert.

Pour construire soi-même économiquement une pile à écoulement.

J'ai installé chez moi, d'une façon aussi économique que possible, une pile à écoulement qui me donne toute satisfaction. Je rendrai probablement service à mes lecteurs en leur faisant connaître mon installation qui est extrêmement simple, et qui, de plus, a l'immense avantage de ne prendre sur le sol qu'un emplacement de 50 centimètres de côté.

Figurez-vous un tabouret de 1 m. 40 de haut, dont les pieds sont espacés de 40 centimètres et dont les côtés opposés sont garnis d'échelons de 15 en 15 cent. depuis le haut jusqu'à 50 cent. du sol. Sur chaque

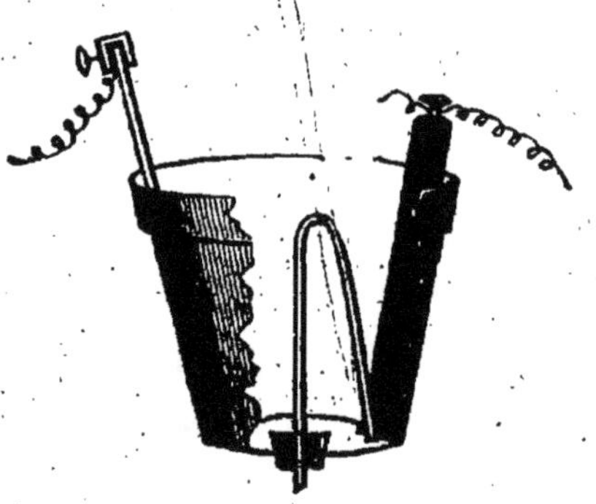

Fig. 2

échelon, je range quatre planchettes de 8 cent. de large, de façon à laisser un vide entre elles. Voilà tout le support; il me faut maintenant les piles et les réservoirs.

Les piles sont construites avec de vulgaires pots de fleurs percés au fond d'un trou central. C'est par ce trou que je fais passer mes siphons destinés à l'écoulement.

Avec les siphons ordinaires, le liquide se serait écoulé entièrement en quelques instants et mes pots auraient été toujours vides. Si, à leur place, j'avais mis de simples tubes droits, la solution chargée de sel de zinc serait toujours restée au fond du vase. Le

problème consistait donc à trouver un système qui
me donnât un écoulement faible, constant, et qu

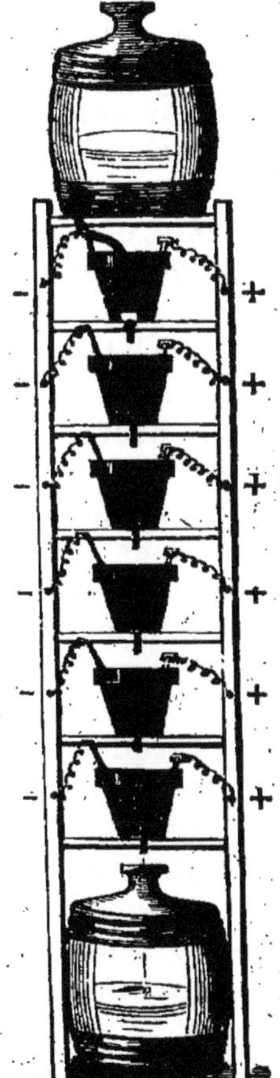

Fig. 3.

de plus, permît de renouveler le liquide au fond des
vases. Voici comment je l'ai résolu :

J'ai traversé un bouchon de caoutchouc avec un tube en plomb courbé à un centimètre environ au haut du pot, et j'ai coupé ma seconde partie du tube de longueur suffisante pour que le bout plonge au fond. J'ai tranché les extrémités en sifflet, percé un petit trou avec une alène au sommet de la courbe, et fait entrer à force le bouchon ainsi monté dans le trou du pot. D'un côté du bouchon, j'ai placé un charbon de cornue ; de l'autre, en regard, un zinc amalgamé de 40 cent. de long et 6 de large. Voilà mon élément.

J'en ai ainsi superposé six ; les zincs sont retenus entre les planchettes, et leur poids les fait descendre au fur et à mesure de leur usure.

Quand le liquide est arrivé à la courbure du siphon, celui-ci s'amorce, le liquide s'écoule et baisse d'un centimètre ou deux dans le vase. L'ouverture se trouve dès lors dégagée, et l'air rentre peu à peu dans la plus longue branche jusqu'à l'instant où, la pression atmosphérique n'étant plus assez grande pour entraîner le liquide, l'écoulement s'arrête de lui-même pour reprendre un instant après, et ainsi de suite dans tous les pots jusqu'au récipient.

Pour récipients, j'emploie deux barils de verre munis de robinets en caoutchouc. Quand celui du haut est vide, je ferme le robinet et le mets à la place de celui du bas et *vice versa*, jusqu'à épuisement du liquide.

Celui-ci s'écoule à raison de 40 gouttes par minute et je ne change les barils de place que tous les huit jours.

Les vingt litres du liquide nécessaire au fonctionnement se composent comme suit :

Bichromate de potasse ..... 2 kilog.
Acide sulfurique........... 4 —
Eau de pluie .... 18 —

Quand je veux arrêter l'action des piles, j'enlève purement et simplement les zincs.

Cette disposition, comme je l'ai dit plus haut, est aussi simple que possible, et il est facile de disposer le nombre de pots que l'on désire les uns à côté des autres, sans occuper beaucoup de place.

On remédiera à l'inconvénient qui pourrait résulter de la porosité des vases à fleurs en badigeonnant les pots intérieurement et à chaud avec :

Coaltar........................ 300
Bitume........................ 100
Suif.......................... 50

Faire fondre le bitume et ajouter eusuite le suif et le coaltar. Faire chauffer les pots sur un fourneau et badigeonner pendant que tout est chaud.

On peut encore employer parties égales de bougie et de suif de chandelle.

Ce procédé a, en outre, l'avantage d'empêcher le grimpage des cristaux.

Nouvelle pile à la cendre de bois

Dans mes divers travaux sur l'électricité, j'avais cherché pendant longtemps des piles faciles à transporter, à courant durable, et ne présentant point les inconvénients trop connus des piles à liquide et à bocaux en verre.

Mes regards se portèrent bientôt sur les piles au cofferdam avec lesquelles j'obtins d'excellents résultats, mais qui avaient le désavantage de coûter assez cher, de laisser perdre beaucoup d'électricité, et, ce qui n'était pas moins ennuyeux, de m'obliger, puisque j'habite la province, à les envoyer à Paris pour les faire recharger et réparer : l'expérience m'ayant appris que l'un ne va pas sans l'autre avec des piles telles qu'elles étaient confectionnées.

Je cherchai alors à construire moi-même ces piles, en modifiant un peu leur disposition pour éviter les divers inconvénients que j'avais remarqués, mais je me heurtai à la difficulté de me procurer du bon cofferdam.

La nécessité rend industrieux ; j'ai cherché à remplacer le cofferdam par une matière inerte, inattaquable par les acides, et facile à trouver. J'ai choisi alors la cendre de bois, qui peut présenter tous ces caractères. Il suffit de la faire bouillir pendant quelque temps avec de l'eau, que l'on rejette ensuite, pour lui enlever ses principes alcalins et la rendre propre à ce nouvel emploi.

La confection de cette pile est des plus simples. Construisez une boîte en bois de sapin ayant intérieurement cinq centimètres de long, quatre centimètres de large et dix centimètres de haut. Appliquez ensuite, à l'intérieur, une couche isolante. A cet effet, dans un vase quelconque, mettez sur le feu un mélange de cire à cacheter et d'un peu de goudron, jusqu'à ce que le tout soit bien fondu et bien chaud. Versez ce liquide dans la boîte préalablement chauffée ; d'un tour de main, répandez la cire sur toute la surface intérieure et rejetez le surplus dans votre vase.

Procurez-vous ensuite un bloc de charbon de cornue, que vous trouverez dans toutes les usines à gaz ; sciez-en une plaque d'environ 0m10 de large et de 0m007 d'épaisseur.

Taillez une des extrémités de cette plaque, de manière à ce qu'elle présente dans son épaisseur un petit cylindre d'un centimètre de long. Enfermez ce charbon, ainsi qu'une certaine quantité de bioxyde de manganèse en grains additionnée d'un quart de fragments de charbon de cornue, dans un petit sac en toile quelconque (*fig. 4*), de manière que le tout garnisse la moitié de la boîte ; achevez de remplir le vide de la cendre que vous aurez délayée en pâte très molle au moyen d'eau saturée de chlorhydrate

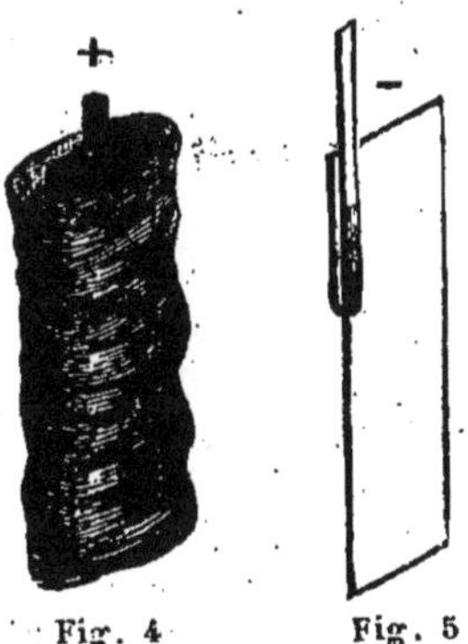

Fig. 4   Fig. 5

d'ammoniaque, et à laquelle vous aurez ajouté un peu de glycérine pour entretenir, dans la pile, une moiteur constante. Enfoncez ensuite dans la cendre une feuille de zinc amalgamée dont vous aurez, par avance, retourné une petite bande latérale qui servira de pôle (*fig. 5*).

Pour conserver à cette bande toute sa solidité, il est nécessaire de la recouvrir d'un vernis quelconque pour l'empêcher de s'amalgamer.

Fermez ensuite la boîte avec un couvercle en bois dans lequel vous avez ménagé une ouverture circuaire pour laisser émerger, de quelques millimètres, le pôle cylindrique du charbon, et une légère échan-crure pour le passage du pôle zinc.

Après avoir fixé le couvercle, qui doit porter aussi à l'intérieur une couche isolante, on bouche hermé-tiquement à la cire toutes les fissures qui pourraient laisser échapper le liquide de la pile.

Il n'y a plus qu'à attacher une borne au charbon et au zinc pour avoir la pile en état de fonctionner.

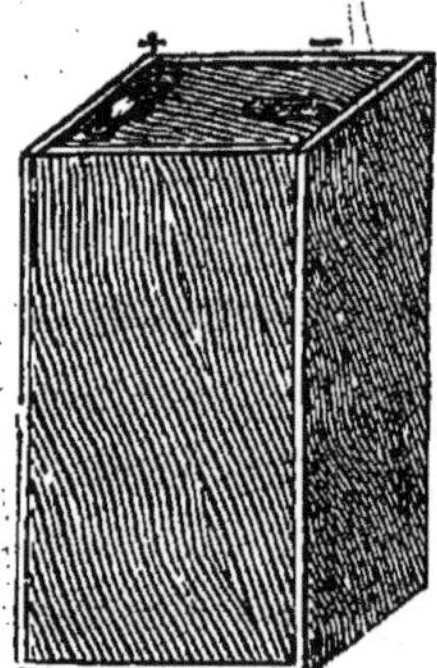

Fig. 6

Ces bornes peuvent être remplacées, pour le zinc, par une simple vis que l'on serre sur le fil conduc-teur en communication avec ce pôle négatif ; du côté du charbon, par une lamelle de métal appliquée fortement par deux vis contre le charbon dénudé de tout corps isolant, une troisième vis sert à fixer le fil conducteur sur ce pôle positif (*fig. 6*).

Je n'insisterai pas sur les avantages de la disposi-tion verticale de ce genre de piles, ni sur l'emploi d'un sac en toile pour faciliter l'entretien ou la recharge de la pile, ou pour éviter une perte consi-dérable d'électricité par suite de la difficulté qu'il y avait, dans les piles horizontales, à rendre la boîte complètement étanche.

Il s'agit maintenant de mettre à profit les forces de notre élément.

On sait que, dans ce genre de piles, comme d'ailleurs dans toutes les piles à liquide, plus la surface est grande, ou bien plus le zinc est rapproché du charbon, sans toutefois le toucher, plus, dans un temps donné, la quantité d'électricité développée est grande, bien que la force électro-motrice ou la différence du potentiel entre les deux pôles soit croissante.

Au contraire, si l'on éloigne le zinc du charbon, ou si l'on diminue sa surface, la force électro-motrice restant toujours la même, la résistance intérieure de la pile augmente et la quantité d'électricité diminue.

De plus, lorsqu'on dispose en batterie plusieurs éléments de pile, c'est-à-dire, lorsque par un fil conducteur on relie, d'un côté, tous les charbons entre eux, et, de l'autre, tous les zincs, on obtient une quantité d'électricité directement proportionnelle au nombre d'éléments, et une résistance inversement proportionnelle à ce même nombre, tandis que la force électro-motrice est la même que celle d'un seul élément.

Pour des éléments reliés en série, la force électromotrice et la résistance intérieure totale sont proportionnelles au nombre d'éléments assemblés.

Or, comme l'effet maximum d'une pile est obtenu par un couplage tel que la résistance intérieure des éléments soit égale à la résistance extérieure du circuit parcouru, il suit de là que, pour obtenir les meilleurs résultats, on doit placer les zincs et assembler les piles de façon à équilibrer le mieux possible ces deux résistances.

Voulez-vous, par exemple, obtenir une grande quantité d'électricité, soit pour la lumière électrique, soit pour un ouvrage qui demande peu de résistance extérieure, employez de grandes plaques de zinc recourbées en cylindres autour du sac de bioxyde, et assemblez vos piles en batterie.

Avez-vous, au contraire, de grandes résistances de circuit à vaincre, employez des plaques de zinc de grandeur moyenne que vous éloignez du charbon, et disposez les piles en série.

Par ces dispositions, chaque élément peut toujours donner séparément une force électro-motrice cons-

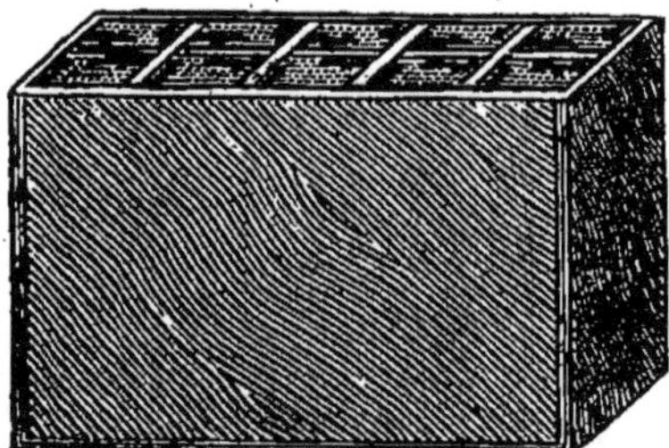

Fig 7

tante de 1,5 volt, et une intensité qui peut varier, selon la place et la dimension des zincs, entre 0,15 d'ampère et 3 ampères, pour une résistance intérieure de 10 ohms à 0,5 d'ohm !

Pour plus de commodité, lorsqu'on désire employer un certain nombre d'éléments, on peut les disposer dans une seule et même boîte divisée en plusieurs compartiments, en ayant soin, pour faciliter les réparations, de donner un couvercle distinct à chacun d'eux.

J'ai, pour mon usage personnel, une pile ainsi construite qui renferme 10 éléments dans une caisse de 0m25 de long, 0m13 de large et 0m11 de haut (*fig. 7*).

Ces éléments fonctionnent ensemble ou séparément depuis plus d'une année avec une constance et une régularité qui ne laissent rien à désirer.

L. M.

Construction d'une pile secondaire
à longue décharge

On réunit quatre plaques de charbon par des anneaux de caoutchouc, de façon à en former comme un tube carré dont on ferme le fond avec un morceau de drap, puis on met au milieu de cette sorte de boîte une plaque de plomb très rugueuse, en achevant de remplir avec du minium.

Il suffit maintenant de faire agir le courant pour réduire l'oxyde plombique et le transformer en plomb métallique. A mesure que cette transformation se fait, on voit les plaques de charbon s'écarter et, quand on enlève celles-ci, une fois l'opération terminée, la plaque de plomb centrale se trouve solidement enchâssée dans un bloc de plomb réduit.

Cet accumulateur d'un débit peu considérable a une durée de décharge fort longue et *conserve très longtemps la charge*.

Pour qu'au premier chargement la réduction se fasse d'une façon régulière, il faut amener le courant à la fois par les charbons et la plaque de plomb centrale.

Nouvelle pile dont on peut baisser et relever
le zinc à distance

Les zincs sont représentés soulevés au-dessus du liquide, mais non complètement sortis du vase poreux, celui-ci n'a d'autre but que de diriger la chute du zinc et d'empêcher tout contact intérieur entre celui-ci et les charbons (*fig. 8*).

La pile au bichromate, grâce à son grand débit et à sa constance, serait une pile parfaite si elle ne s'usait pas à circuit ouvert.

Avec la pile à deux liquides, l'usure est moins grande pendant les premiers jours qui suivent le montage, mais bientôt les liquides se mélangent par

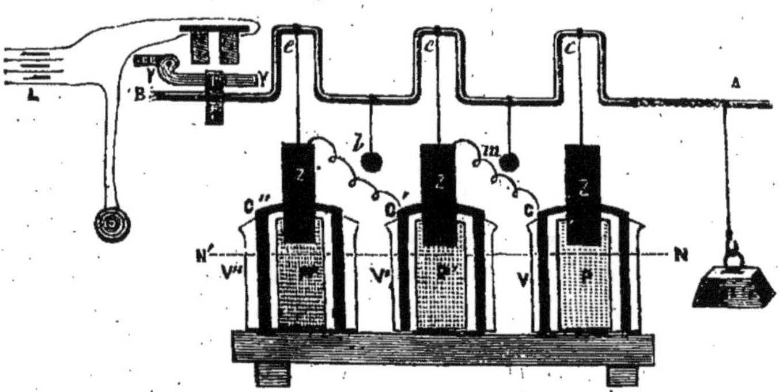

Fig. 8

suite de la différence de densité, et le zinc et le liquide commencent à s'user en pure perte en circuit ouvert.

Pour éviter le désagrément de baisser les zincs au moment de s'en servir et de les relever après, on peut construire les piles du modèle ci-contre :

AB est une forte tige de fer courbée, comme le montre la figure, les zincs sont suspendus, par une corde graissée, aux points *e, e, e*. Les contre-poids *l* et *m* ont pour but d'équilibrer le système.

I est une petite plaque fixée perpendiculairement
à la pile et qui, en venant buter contre le morceau
de fer doux Y, empêche que le contre-poids H ne
fasse tourner l'arbre. Si l'on presse *pendant un temps
très court* (1) sur le bouton, le fer doux Y est soulevé
par l'électro, le contre-poids H fait tourner la tige
de fer, mais le levier Y retombant aussitôt, la plaque I vient de nouveau le rencontrer, ce qui empêche le système de tourner davantage, les zincs sont
donc *baissés* ; en pressant de nouveau sur le bouton,
l'arbre AB fait encore un demi-tour et les zincs sont
relevés, et ainsi de suite.

Pour amalgamer le zinc dans les piles électriques

Dans une partie d'eau régale faire dissoudre deux
parties de mercure et ajouter, après dissolution,
cinq parties d'acide chlorhydrique. Cette dissolution
se fait à chaud ; il suffit de tremper le zinc à amalgamer dans ce liquide pendant quelques secondes
seulement.

On peut encore amalgamer le zinc de la manière
suivante :

Le zinc ayant été préalablement nettoyé ou dé-
capé, on le frotte avec du mercure dans lequel on a
versé quelques gouttes d'acide sulfurique, ou bien
on le frotte avec du sulfate de mercure additionné
d'un peu d'eau.

---

(1) Si l'on pressait trop longtemps sur le bouton, le levier Y ne
retombant pas assez vite, l'arbre ferait un tour entier et les zincs
seraient baissés et relevés aussitôt.

CONSTRUCTION D'UN ACCUMULATEUR

Pour avoir un accumulateur, il faut dépenser au moins 25 francs. J'en ai construit un, ou plutôt un voltamètre, que tout le monde peut faire avec une faible dépense. Voici comment :

1° J'ai goudronné intérieurement, pour la rendre parfaitement étanche, une petite caisse mesurant 14 centim. de haut, autant de large et 20 centim. de longueur. J'ai collé sur les angles, avec le goudron

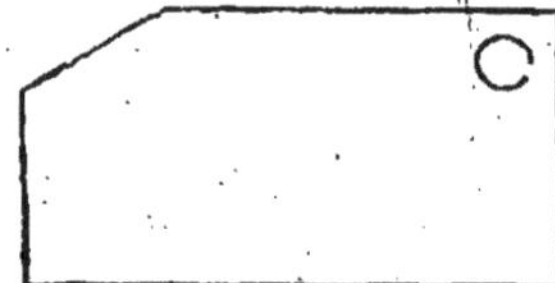

Fig. 9

même, une bande de gutta de deux centimètres de largeur. Ma caisse ainsi préparée ne perd pas une goutte d'eau.

2° Prenant une petite planchette *(fig. 9)* de 1 centimètre d'épaisseur, de 8 cent. de largeur et de 14 cent. de longueur, s'adaptant parfaitement dans la largeur de ma caisse, j'y ai donné vingt-six traits de scie à mi-épaisseur et en ai fait deux morceaux en la divisant par la moitié sur le sens de la longueur.

Après les avoir goudronnés, je les ai fixés à mi-hauteur aux deux bouts de ma caisse avec des pointes fines, les traits de scie les uns en regard des autres.

Puis je me suis procuré chez un quincaillier une

feuille de plomb de 2 mètres sur 0 m. 38, d'un millimètre d'épaisseur, et je l'ai divisée en plaques de 19 cent. × 13 c., laissant ainsi 1 c. pour ne pas toucher les parois de la caisse.

D'un côté, j'ai percé un trou et, de l'autre, j'ai enlevé l'angle. Toutes mes lames bien unies et bien lavées à la potasse, j'ai fait glisser de deux en deux rainures la moitié de mes lames, tous les trous du même côté ; et inversement, j'ai intercalé les treize autres lames, les trous du côté opposé. Ainsi dispo-

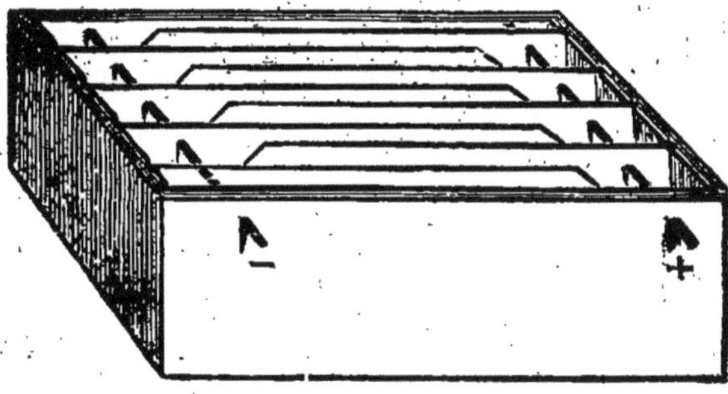

Fig. 10

sées, je les ai soumises pendant six heures à l'influence du liquide excitateur suivant :

Acide nitrique. . .	100	
Acide sulfurique .	200	mélangés
Eau	1.700	

J'ai enlevé le liquide, puis, soulevant l'une après l'autre les lames d'un centimètre environ, pour mettre les trous de chacune en regard d'un trou pratiqué dans le haut de la caisse, je les ai traversées d'une tige de cuivre entourée d'un tuyau de plomb qui les tenait suspendues à un centimètre du fond, et assurait le contact par leur poids. J'avais ainsi, d'un côté le pôle positif et, de l'autre, le négatif. Mes lames, tenues par les rainures, n'avaient aucun point de contact, et je n'ai employé que du bois et du plomb. Les lames peuvent être facilement enlevées, changées, surveillées.

Tout le monde peut ainsi construire un accumulateur, je dirai plutôt un voltamètre, car j'ai employé comme liquide de l'eau acidulée, au dixième, à moitié saturée d'oxyde de zinc, comme dans le voltamètre zinc-plomb de Trouvé.

Un accumulateur Planté de mêmes dimensions coûterait, tout formé, de 20 à 30 fr., sinon plus. Pour le mien, j'ai dépensé 4 fr.

M...

CONSTRUCTION D'UN COUPLEUR A MAIN

Tout amateur en possession d'accumulateurs électriques et d'un générateur quelconque doit nécessairement avoir un coupleur, c'est-à-dire un instrument permettant de changer en un instant le couplage de tous les éléments d'une batterie pour la monter, soit en tension, soit en quantité.

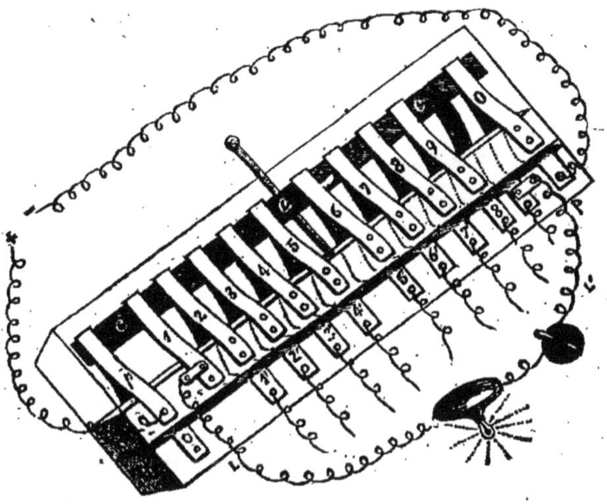

Fig. 11

Si peu d'habitude que vous ayez de manier le marteau et la lime, en voici un que vous pourrez fabriquer vous-même pour autant d'accumulateurs qu'il vous plaira d'avoir.

Elevez le curseur C, et votre pile fonctionnera sur les accumulateurs montés en surface ; abaissez-le à nouveau, et tous vos accumulateurs se retrouveront isolés de la pile et montés en tension sur les lampes sans que vous ayez à toucher aucun des fils conducteurs.

Un commutateur, placé dans la pièce où seront les lampes, permettra de les allumer ou de les éteindre à volonté.

Le dessin figure 11 vous fera comprendre l'ensemble du système, et je m'efforcerai d'être le plus concis possible dans la description des détails :

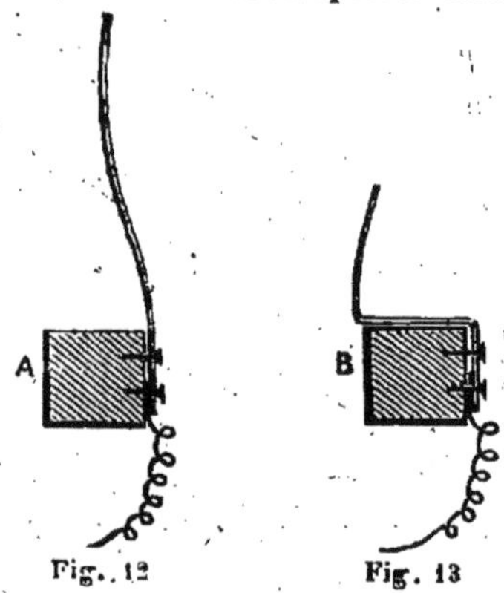

Fig. 12   Fig. 13

Le bâti se compose de deux règles carrées en bois de 10 à 16 cent de longueur et de 2 à 3 cent. d'épaisseur.

1° Sur la règle A sont fixées, à l'aide de deux vis, onze lames flexibles en cuivre rouge de 1 mill. d'épaisseur, 5 mill. de largeur et 10 cent. de longueur, qu'il est facile de faire en les taillant avec des ciseaux sur une lame achetée dans le commerce.

Ces lames sont disposées comme l'indique le dessin d'ensemble p 1 2 3 4 5 6 7 8 9 0 et courbées en dedans.

2° Sur la règle B, des lames semblables, mais de six centimètres plus longues, sont également fixées avec deux vis, de telle façon que, la règle A étant placée sur la règle B, les lames 1' 2' 3' 4' 5' 6' 7' 8' 9' de la règle B contournent la règle A pour venir battre contre les lames 2 3 4 5 6 7 8 9 0 de la règle A.

La coupe ci-contre représente les courbures des lames 0' 1' 2' 3' 4' 5' 6' 7' 8' 9' P, sur la règle B.

Les lames 1 et 9' n'ont pas d'antagonistes; mais chacune d'elles est en relation avec une des bornes L et L' placées sur le côté.

Les lames *p* et P buttent contre les lames O' et O qui n'ont aucun rôle et maintiennent seulement le curseur C dans sa position.

Fig. 14

3° Le curseur C est formé d'une lame mince de bois et de deux lames de cuivre. La lame de bois a la même longueur que les règles du bâti, les lames de cuivre ont deux centimètres de moins.

Les lames de cuivre sont fixées de part et d'autre de la lame de bois qui les isole à l'aide d'un mélange de :

    Glu marine. 2
    Gomme laque. 1
    Ether alcoolisé,

quantité suffisante pour faire une liqueur épaisse, mais facile à étendre.

Après avoir bien poli et bien uni les lames, on enduit de glu les deux côtés de celle en bois et l'on applique de chaque côté celles en cuivre, de façon qu'elles couvrent, chacune en sens opposé, l'une des extrémités de la lame de bois et laissent à l'autre bout deux centimètres de bois à découvert.

Au milieu de la lame de bois du curseur, ainsi que des deux règles, on perce un trou, et ces trois trous doivent correspondre.

Nos trois pièces ainsi préparées, il suffit de super poser les règles A B, et de les fixer l'une à l'autre pour faire battre les lames.

p	contre	O'
1	dans le vide	
2	contre	1'
3	»	2'
4	»	3'
5	»	4'
6	»	5'
7	»	6'
8	»	7'
9	»	8'
	»	
	dans le vide	9'
0	contre	P.

On place le curseur entre les lames pour que p et P touchent chacune le cuivre et 00' touchent le bois.

Une tige en os ou en autre matière isolante (voire même un crochet de dame qu'on utilise) est passé par les trous des règles et fixé à la glu vers son milieu dans le trou du curseur seulement.

Cette tige sert à baisser et à élever le curseur entre les lames.

En supposant le curseur élevé entre les deux extrémités des lames, les accumulateurs se trouvent montés en surface ; en l'abaissant pour l'isoler, les lames butent les unes contre les autres et les accumulateurs se trouvent reliés en tension.

Adaptons maintenant notre appareil à un système d'éclairage.

Dix accumulateurs ou dix séries d'accumulateurs sont rangés dans une cave ou autre pièce de l'habitation ; tous les pôles positifs sont reliés aux bornes 1 2 3 4 5 6 7 8 9 de la règle A.

Tous les pôles négatifs sont également reliés aux bornes 1' 2' 3' 4' 5' 6' 7' 8' 9' de la règle B.

A côté, notre pile à écoulement automatique a son

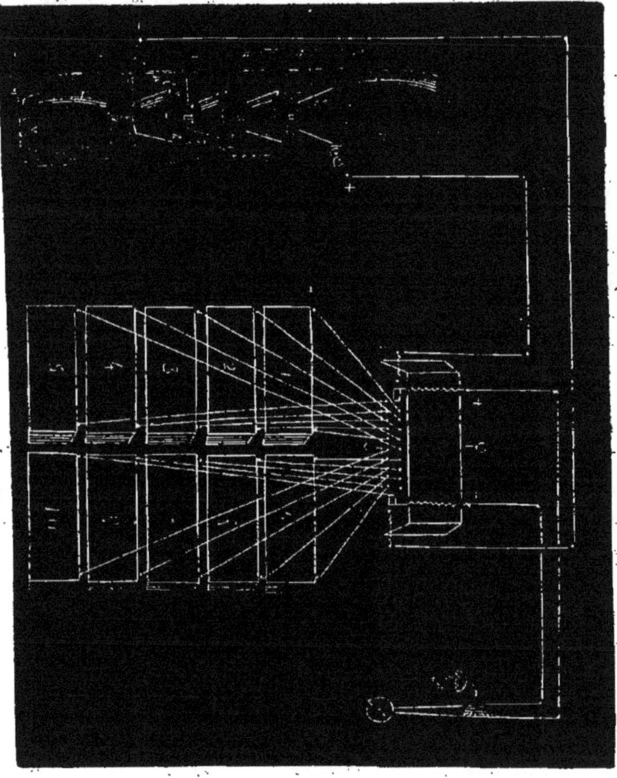

Fig. 15

pôle positif relié à la borne p; son négatif relié à la borne P.

Des fils conducteurs partent des bornes L et L pour distribuer l'électricité et la lumière, à l'aide de-

commutateurs et modérateurs placés aux différents étages.

Pendant tout le jour, la pile fonctionne et charge les accumulateurs en quantité ; la nuit, la pile es

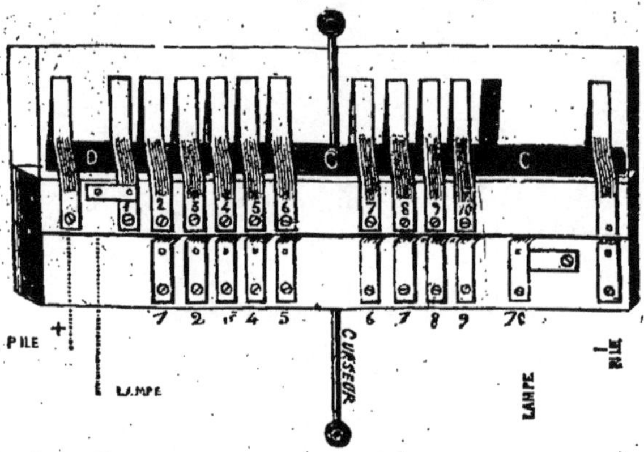

Fig. 16. — Couplage en tension. — Décharge des accumulateurs.

séparée des accumulateurs à l'aide du coupleur, et tous les éléments montés en tension du même coup de main sont prêts à fonctionner et à obéir.

Construction facile d'un commutateur
Planté

Voici une sorte très simple du commutateur Planté que tous les amateurs pourront, s'ils le veulent, construire facilement.

Sur une planchette de sapin, on fixe des languettes de cuivre qu'on a soin de disposer dans l'ordre indiqué sur la figure 17.

La languette A est reliée au pôle positif du premier accumulateur ;

La languette B est reliée au pôle positif du deuxième accumulateur ;

La languette C est reliée au pôle positif du troisième accumulateur ;

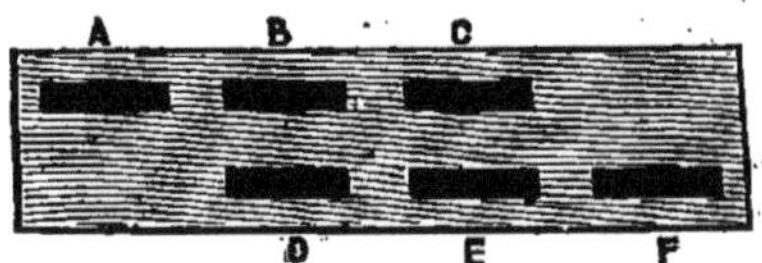

Fig. 17

La languette D est reliée au pôle négatif du premier accumulateur ;

La languette E est reliée au pôle négatif du deuxième accumulateur ;

La languette F est reliée au pôle négatif du troisième accumulateur.

Au repos, ainsi que le montre la figure 19, la languette B presse sur la languette D, la languette E

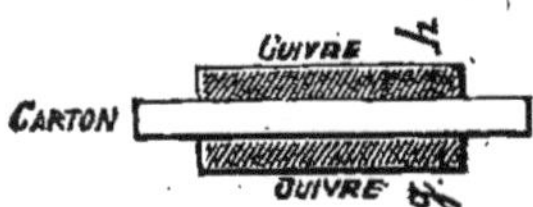

Fig. 18

sur la lame C : les accumulateurs sont groupés en tension pour la décharge.

Afin de les grouper en surface, on intercale entre les languettes deux feuilles de cuivre isolées par une feuille de carton, représentées par la figure 18. Dans ces conditions, le ressort B ne touche plus D, le ressort C ne touche plus le ressort E : il en est isolé par le carton intercalé entre les lames de cuivre g et h.

Mais les pôles positifs A B C, unis par la lame *g*, touchent ensemble la première plaque, les pôles né-

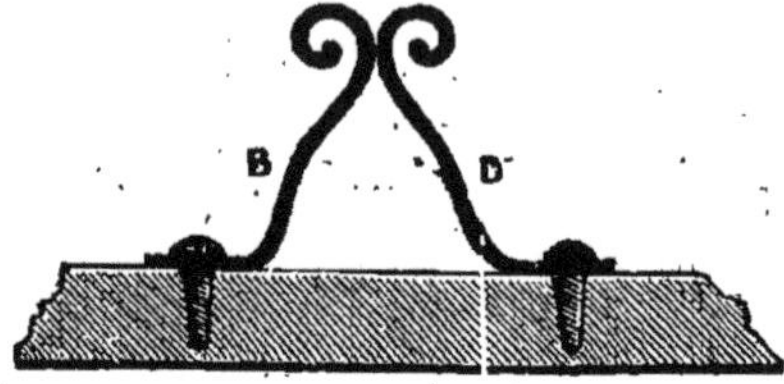

Fig. 19

gatifs D E F, unis par la lame *h*, touchent ensemble la deuxième (figure 20) et les accumulateurs sont en surface pour la charge.

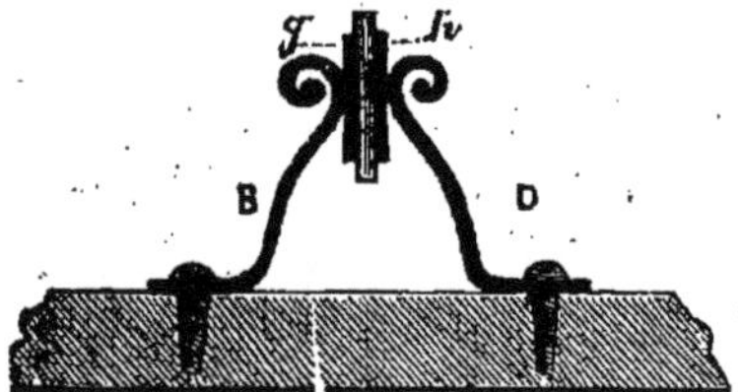

Fig. 20

Les lames A et F sont réunies à la pile pendant la charge et à la lampe pendant la décharge.

R. M.

UN RHÉOSTAT TRÈS SIMPLE

On a fréquemment besoin, dans les applications courantes de l'électricité, de graduer l'intensité par l'interposition de résistances dans le circuit. Tel est le cas, par exemple, lorsqu'il s'agit de régler l'éclairement d'une lampe à incandescence.

Voici, à ce sujet, un rhéostat que l'on peut construire soi-même à peu de frais. Sur une planchette de bois A, on montera deux hélices ou ressorts à boudin H H', en fil de maillechort ; on fabriquera facilement ces hélices en enroulant le fil sur un bâton cylindrique ; on a soin d'ailleurs de prendre la même longueur de fil pour chaque hélice, et de serrer les spires autant que possible ; on les écarte ensuite s'il est nécessaire, en tendant le ressort sur la planchette. Il doit y être fixé de façon à se trouver à environ cinq millimètres du bois. Il va sans dire que la longueur et la section du fil doivent être choisies d'après la résistance dont on a besoin, et l'intensité maxima du courant qui doit traverser l'appareil. Dans aucun cas, on ne devra permettre au fil de s'échauffer suffisamment pour donner lieu à une oxydation superficielle.

La communication, avec l'appareil, sera établie au moyen de deux bornes B B'. Les deux hélices seront mises en communication à une hauteur variable suivant la résistance que l'on veut intercaler, et cela au moyen d'une lame métallique P, que l'on enfoncera simplement entre les spires. On remarquera que le contact ainsi obtenu est excellent, parce que, au moment de l'introduction de la lame P, il se produit une friction qui nettoie les surfaces. La figure montre en p la position de la lame intercalée entre les spires. Si le courant avait une tension dangereuse, il faudrait évidemment munir cette lame P d'un manche isolant pour la prendre à la main.

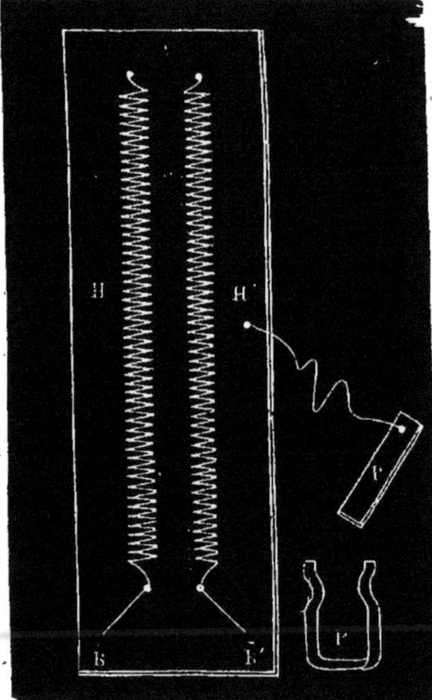

Fig. 21

L'appareil forme en même temps un interrupteur; en enlevant la lame P, le circuit est coupé. Ce fait se produisant chaque fois que l'on déplace la lame P, il faut, si l'on veut changer la résistance sans interrompre le courant, disposer de deux lames que l'on déplace successivement.

On peut encore, dans ce cas, remplacer la lame P par une pince à ressort indiquée au bas de la gravure et que l'on glisse simplement entre les hélices.

F. D.

Enroulement du fil sur les bobines d'électro aimant.

Nous croyons être utile aux électriciens en leur indiquant comment on enroule le fil conducteur sur les bobines.

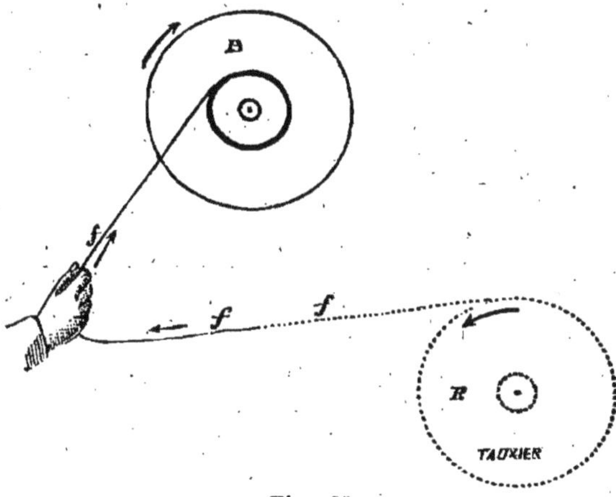

Fig. 22

Dans tous les cas, il est nécessaire d'avoir à sa disposition, soit un petit tour, soit un appareil quelconque (*fig. 24*) qui permette d'imprimer à la bobine un mouvement de rotation plus ou moins rapide, selon la grosseur du fil à enrouler.

On fait tourner la bobine B (*fig. 22*) dans le sens de la flèche, et on tient le fil dans la main droite, en le tendant légèrement de façon à ce qu'il s'applique

3.

bien sur la couche précédente. Le fil est pris sur une bobine *F*, montée de façon à pouvoir tourner librement.

Lorsqu'il s'agit de fil très fin, il est inutile de le ranger ; on l'enroule rapidement en remplissant la bobine ; avant de terminer, on enroule une feuille de bristol sur le fil, et sur ce bristol on bobine une dernière couche très régulière, afin d'obtenir un meilleur aspect.

Lorsque le fil est assez gros (à partir de 1 mill. de

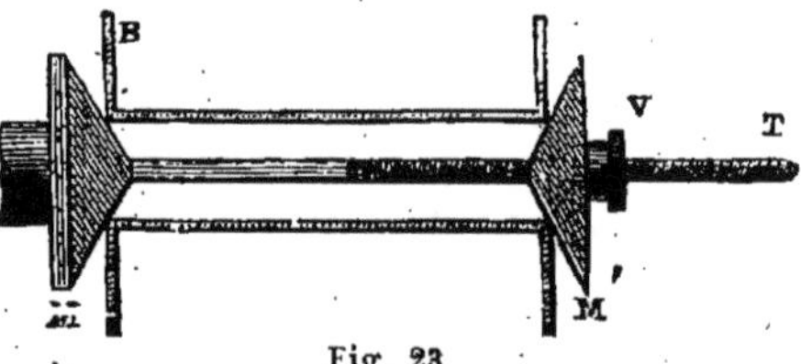

Fig. 23

diamètre par exemple) il est préférable de le ranger soigneusement à chaque couche.

La *fig. 23* représente un mandrin conique assez commode pour monter les bobines sur le tour, et qui peut servir pour un grand nombre de diamètres différents. *M M'* sont deux cônes en bois ; la tige *T* est en acier et l'écrou *V* qu'on serre simplement à la main relient la bobine *B* entre les deux cônes. La bobine se centre d'elle-même.

Toutes les fois qu'on enroule du fil sur une bobine métallique, il est nécessaire de coller au préalable, sur le noyau et sur les joues, du papier épais, afin d'être assuré de l'isolement. Quelquefois, on soude sur le noyau de la bobine l'une des extrémités du fil ; le fer de l'électro aimant sert alors à réunir les deux bobines. Mais cette façon de procéder exige qu'on prenne de grandes précautions pour isoler le fil, car on n'a aucun moyen direct pour vérifier l'isolement.

Lorsqu'on enroule des bobines en fil très fin, il est bon de souder à l'entrée et à la sortie un fil plus gros, plus facile à manipuler et à saisir et moins susceptible de se rompre.

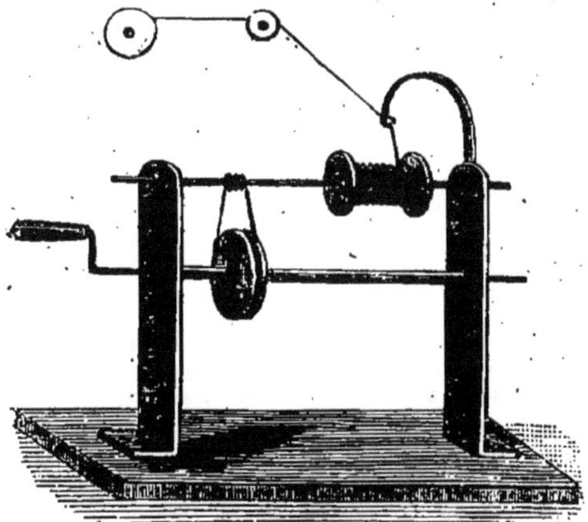

Fig. 24

NOTA. — Le mandrin conique proposé par l'auteur est très facile à fabriquer. Certaines formes coniques ou même arrondies de champignons en bois, de patères ou de porte-manteaux suffisent. On en prend deux, on les perce en leur centre et l'on y introduit l'écrou. — Si l'on n'a pas de tour, une presse quelconque assez large, celle d'un établi par exemple, peut servir à maintenir l'axe de la bob'ne; dans ce cas, c'est cette dernière seule qui tourne et le travail est plus long que si l'on peut se procurer un tour ou bi·n un tourniquet quelconque qui permette de mettre l'axe en mouvement automatiquement, le procédé qui suit vient donc très heureusement compléter celui-ci.

F. OTTMANN.

Voici un petit appareil qui sera très utile à l'amateur désirant construire ou de petites bobines d'induction, ou de petits électros à fil fin non isolé.

Soient deux bandes de tôle fixées verticalement

sur une planche et percées chacune de deux trous : les deux trous d'en bas servent de support à un gros fil de fer recourbé d'un côté en manivelle ; une poulie est fixée solidement sur un tube de cuivre d'une longueur égale à l'écartement des montants et traversé par ce fil de fer ; elle tourne donc toujours à la même place.

Dans les trous supérieurs est passée une broche de fer assez longue sur laquelle on met la bobine.

Fig. 25

Enroulement pour obtenir un mouvement de droite à gauche.

Fig. 26

Enroulement pour obtenir un mouvement de gauche à droite.

Une petite ficelle sert de courroie de transmission ; elle fait un tour seulement de la poulie et va s'enrouler trois ou quatre fois sur la broche, de sorte qu'en tournant la manivelle on communique deux mouvements à la bobine : 1° un mouvement de rotation sur elle-même ; 2° un mouvement de translation de droite à gauche ou de gauche à droite, selon le sens de l'enroulement de la ficelle.

Le fil se met donc sur la bobine d'une façon très régulière sans que les spires se touchent, ce qui permet dans certains cas *de supprimer l'isolant*. Une fois le premier rang fini, on enroule une feuille de papier pour l'isoler du rang suivant, puis on sort le volant et on le remplace par un autre enroulé sur la broche en sens contraire. Plus l'on veut rapprocher les spires, plus il faut mettre une ficelle fine.

R. M.

LES ALLUMOIRS ÉLECTRIQUES
COMMENT ON PEUT LES CONSTRUIRE SOI-MÊME

Les allumettes de la régie, en butte à des critiques sans nombre, ont trouvé depuis longtemps déjà dans l'allumoir électrique un concurrent sérieux. Nul doute que ce dernier ne les remplaçât complètement, si chacun voulait apprendre ce qu'est un allumoir électrique. Nous ne serons certainement pas les seuls à affirmer que c'est un appareil absolument pratique, et que sa place est marquée partout où se trouve un porte-allumettes.

Pourquoi donc n'est-il pas plus répandu ? Pour une raison bien simple : on achète un allumoir d'un système quelconque : il va bien d'abord, puis, après quelque temps de service, la pile s'affaiblit, l'allumage est un peu plus long à se produire ; pour peu que la mèche soit un peu éloignée, il ne se produit pas du tout ; on approche la lampe — un peu brusquement, — on casse la spirale, et on met l'allumoir de côté en déclarant que c'est un instrument détestable. Pourtant il s'en fallait de bien peu qu'il ne fonctionnât parfaitement : vous allez voir même qu'une spirale cassée n'est pas une si grosse affaire à remplacer.

On trouve dans le commerce un grand nombre de types d'allumoirs électriques, où les constructeurs ont cherché à réunir toutes les conditions de bon fonctionnement, de commodité et d'économie. Quelques-uns de ces appareils remplissent le but d'une façon absolument parfaite ; pourtant, nous ne les décrirons pas. Nous avons, en effet, la certitude qu'avec un peu d'habileté, le lecteur qui aura le

goût des travaux manuels arrivera du premier coup
à se construire à peu de frais un allumoir d'un fonctionnement irréprochable.

Chacun sait que tous les allumoirs électriques
utilisent l'élévation de température produite en un
point d'un circuit traversé par un courant. Ils offrent
sous ce rapport une analogie avec les appareils
d'éclairage électrique et, comme eux, se divisent en
deux grandes classes : les allumoirs à circuit con-
tinu ou à *incandescence*, et les allumoirs à circuit
discontinu ou à *étincelle*.

Allumoir à incandescence.

Lorsqu'un fil conducteur est traversé par un courant, sa température s'élève, et la quantité de cha-
leur produite est d'autant plus grande que l'intensité
du courant et la résistance du fil sont elles-mêmes
plus grandes. Mais, en même temps que l'action du
courant tend à élever la température du fil, le rayonnement et la conductibilité tendent à l'abaisser ;
aussi, au lieu de s'élever indéfiniment, la température du fil atteint bientôt une limite. Si l'on augmente alors l'intensité du courant, on reculera cette
limite, et on pourra même facilement fondre le fil.

La connaissance de ces faits va nous guider pour
le choix de la substance qui formera la partie essen-
tielle de notre appareil. Cette substance, dont la
température doit s'élever beaucoup sous l'action
d'un faible courant, devra réunir les propriétés suivantes :

1° Grande résistance et, par suite, grande ducti-
lité ;

2° Inaltérabilité à l'air aux hautes températures ;

3° Point de fusion élevé.

Toutes ces conditions sont réalisées, et au-delà, par un métal précieux, le platine, qui possède, en outre, la remarquable propriété d'absorber les gaz combustibles. Ceux-ci, ainsi confinés dans ses pores, se combinent plus facilement avec l'oxygène de l'air, circonstance favorable à la rapidité de l'allumage.

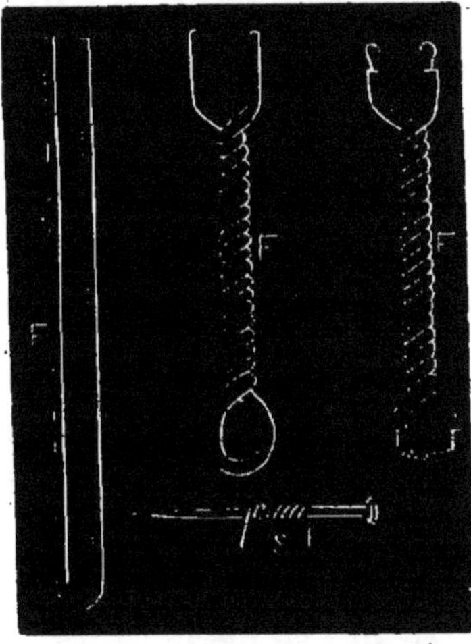

Fig. 27   Fig. 28   Fig. 29

Pour diminuer autant que possible le rayonnement, on contourne en spirale le fil de platine.

Voici l'une des formes les plus simples que l'on puisse donner à l'allumoir : On prend un fil de cuivre F bien isolé, de 15 centimètres de longueur et environ 1 millim. 1/2 de diamètre, et, après l'avoir recourbé, comme le montre la figure 27, on en fait une torsade, entre les doigts, en conservant seulement 15 millimètres à chaque extrémité. Cela fait, on coupe suivant le trait pointillé de la figure 28, et l'on a deux fils séparés, dont on dénudera les quatre extrémités. On étamera deux extrémités en

regard, en les trempant dans le chlorure de zinc,
puis dans un alliage fondu d'étain et de plomb.
Cela fait, il n'y aura plus qu'à enrouler sur les parties étamées les extrémités de la spirale *s* et à chauffer, pour souder la spirale. Toutes ces opérations
peuvent se faire sur la flamme d'une bougie.

Rien n'est plus simple que la fabrication de la spirale elle-même ; il suffit d'enrouler sur une épingle
(*fig. 28*) un fil de platine de 1/20 de millimètre de
diamètre et cinq à six centimètres de longueur.

Mettons maintenant en communication les deux
extrémités restées libres (*fig. 29*) avec les deux pôles
d'une pile assez forte pour porter au rouge la spirale, et il nous suffira d'en approcher une lampe à
essence minérale pour en enflammer immédiatement la mèche.

Le lecteur a déjà compris pourquoi une lampe à
essence minérale convient mieux que toute autre :
ce liquide est assez volatil pour émettre des vapeurs à
la température ordinaire, et il n'est pas nécessaire
d'amener la mèche au contact de la spirale. Obser-
vons, en effet, ce qui se passe : Lorsque la mèche
est à quelques millimètres de la spirale, nous voyons
celle-ci rougir plus fortement ; cet effet est dû à
l'absorption des gaz dont nous avons parlé tout à
l'heure ; la lampe s'allume ensuite avec une sorte de
petite explosion.

Il nous reste maintenant à parler de la pile. En
ne donnant au fil de platine que trois ou quatre
spires, on pourra allumer au moyen d'un seul élément au sel ammoniac, formé d'un zinc plat de
13×4 centimètres, placé entre deux charbons de
même dimension.

Le tout est retenu par des bracelets de caoutchouc
(*fig. 30*).

Cette pile pourra être placée dans une boîte suspendue au mur, et la spirale sera fixée à la partie antérieure de cette boîte, en intercalant un bouton d'appel. Mais les dimensions exiguës qu'on aime à donner à l'appareil forcent à faire choix d'un vase assez petit. Or, chacun sait qu'une telle pile exige

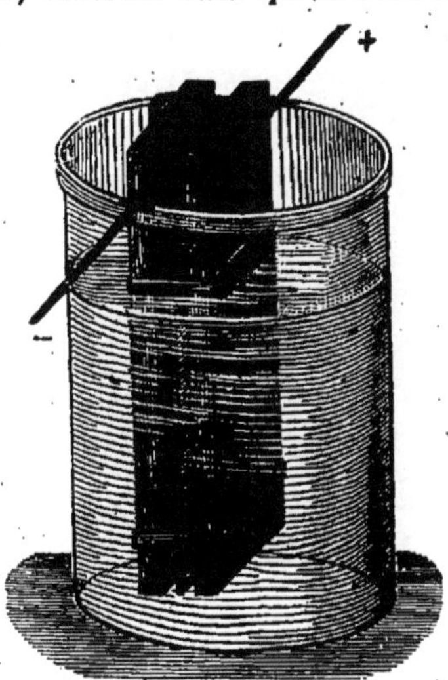

Fig. 30

peu d'entretien, mais à la condition de contenir un volume suffisant de liquide.

Nous recommanderons donc de prendre, non pas un seul, mais trois éléments qu'on placera dans une boîte spéciale à distance de l'appareil. Cette pile, montée avec des vases d'au moins un litre de capacité, pourra fournir huit à dix mois de service en alimentant plusieurs allumoirs placés dans des salles différentes. Il faut, toutefois, avoir soin de faire usage de fil conducteur un peu plus gros que celui qu'on emploie ordinairement pour la pose des sonneries.

Il est inutile d'insister sur les diverses formes qu'on peut donner à l'appareil. Utilisant toutes les ressources que lui offrent la sculpture, le découpage, etc., l'amateur pourra créer un appareil qui contribuera à l'ornementation d'une pièce ; il pourra s'ingénier à construire des allumoirs munis d'une lampe spéciale, s'allumant par un simple déplacement de cette lampe. Nous préférons, cependant, les spirales

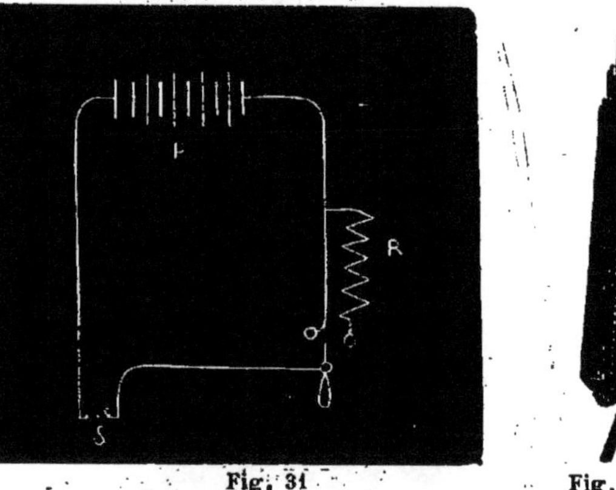

Fig. 31Fig. 32

libres, mais les dispositions précédentes seront précieuses lorsque, par exemple, l'appareil devra être confié à des personnes inexpérimentées.

Le pétrole, la bougie, l'huile, etc., peuvent s'allumer de même ; mais, comme il est nécessaire de les mettre en contact avec le fil de platine, celui-ci serait inévitablement brisé au bout de peu de temps. On forme alors la spirale d'une lame de platine très mince, et, comme un fort courant est alors nécessaire, il est avantageux de se servir d'une pile au bichromate dont le zinc est muni d'un ressort. Une simple pression sur ce ressort permet de produire et même de régler l'incandescence.

La spirale n'est pas forcément fixe : elle peut être placée sur un manche B muni de fils souples, comme le montre la figure 32, de façon à pouvoir être déplacée jusqu'à la lampe à allumer.

Une spirale de platine chauffée au rouge vif éclaire suffisamment, dans un rayon de 60 centimètres,

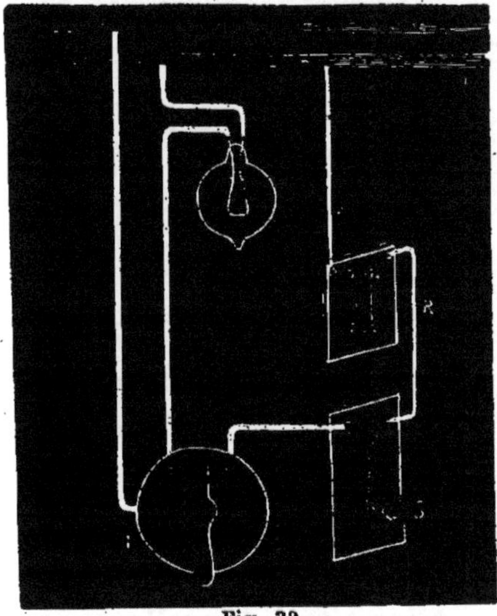

Fig. 33

pour voir l'heure à une montre ou trouver la lampe à allumer ; mais, si l'on plaçait la lampe sous la spirale ainsi échauffée, celle-ci fondrait inévitablement. Aussi faut-il se servir, dans ce cas, d'un interrupteur à deux directions ; dans l'un des circuits on intercalera une résistance R, formée d'un fil fin enroulé sur deux isolateurs fixés à une planchette. La fig. 33 dispense de toute autre explication.

L'utilité de cette résistance R se fera encore sentir lorsqu'il s'agira d'établir un allumoir sur un circuit desservi par un courant trop intense, alimen-

tant, par exemple, les lampes à incandescence. La
fig. 34 montre une installation de ce genre.

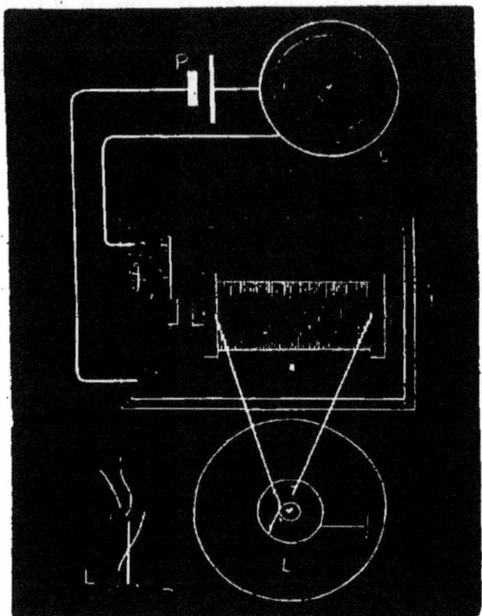

Fig. 34

Allumoirs à étincelle.

Les allumoirs à étincelle forment deux catégories
bien distinctes : les uns sont alimentés par une machine, les autres par une pile et une bobine d'induction.

Les premiers fonctionnent indéfiniment. On pourrait encore les diviser en deux séries, suivant que la
machine est électro-dynamique ou électro-statique.
Les anciennes machines de Clarke portent un acces-
soire destiné à enflammer l'éther par une étincelle
d'extra-courant. C'est là en réalité un allumoir électro-dynamique. Il en est de même du coup de poing

Bréguet, destiné à enflammer les mines. Quant aux allumoirs électro-statiques, ils se construisent spécialement pour l'allumage du gaz : une minuscule machine électrique à influence est enfermée dans la poignée de l'appareil ; elle est mise en mouvement par un bouton que l'on presse.

C'est là un des appareils les plus pratiques qui existent ; mais comme nous n'avons en vue que les allumoirs d'une construction facile pour tout amateur, nous les passerons sous silence pour arriver aux appareils formés d'une pile, une bobine de Ruhmkorff et un excitateur.

Les piles dont nous avons parlé précédemment peuvent être employées. Les plus petits modèles de bobines de Ruhmkorff suffisent : une étincelle de 1 m/m. enflamme parfaitement l'essence minérale ou le gaz.

La figure 34 montre une disposition de ce genre : l'étincelle part entre la lampe L et l'un des conducteurs. Pour le gaz, l'excitateur serait formé de deux souples au fil induit.

Allumoir domestique par extra-courant.

Voici une manière de construire soi-même un allumoir à extra-courant :

Il faut d'abord une batterie de trois éléments Leclanché, à grande surface, c'est-à-dire qu'il faut remplacer le crayon de zinc des piles ordinaires par un zinc circulaire. Les trois éléments doivent être montés en tension, comme l'indique la figure 35. Il faut construire ensuite le transformateur, qui n'est en somme qu'un électro-aimant droit.

Sur une planchette, on mettra un socle A destiné à supporter une lampe à essence que l'on trouve à acheter chez les quincailliers, une bande en cuivre ou maillechort B servira au double but de retenir la lampe et d'y amener le courant.

Avec une lime, on fera des entailles circulaires en haut du col de la lampe pour faciliter l'action du balai.

Fig. 35

A droite et à gauche de la lampe, en haut de la planchette, on place les pitons V et V'; le premier est destiné à tenir au moyen d'un fil de soie le chapeau de la lampe; le second, au moyen d'un fil élec-

Fig. 36

trique simple, supporte un petit balai formé d'une douzaine de bouts de fil de cuivre dont un des côtés sera couvert de soie (*fig. 36*).

La figure 35 montre suffisamment la manière de relier les pièces les unes aux autres et peut servir de plan de pose.

L'appareil étant ainsi monté, il faut, pour s'en servir, enlever le chapeau et frotter le balai contre les rainures du col de la lampe ; il y aura rupture de courant et production de l'extra-courant, dont l'étincelle enflammera facilement l'essence légère dont on a eu soin de garnir la lampe.

Cet appareil, facile à construire, peu coûteux, ne demande presque pas d'entretien et ne manque jamais. La lampe, une fois allumée, peut être enlevée facilement et constitue une application absolument pratique de l'électricité domestique.

F. B.

Allumeur à étincelle de rupture
s'allumant à distance.

Les allumeurs de rupture ont malheureusement le désavantage de ne pouvoir s'allumer qu'à distance, ce

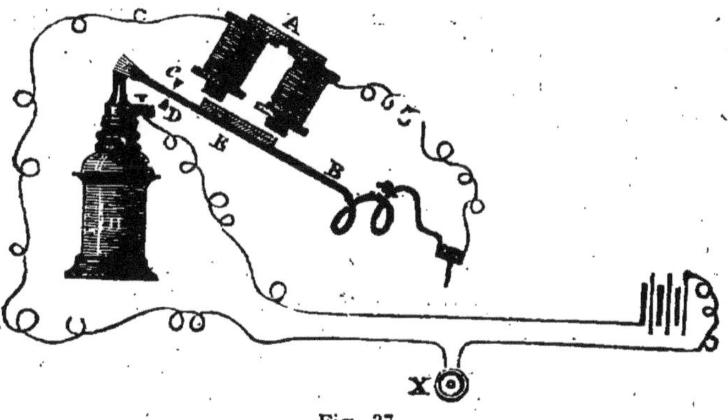

Fig. 37

qui en proscrit l'usage dans un grand nombre de cas.

Il suffit d'un peu de patience pour construire le modèle suivant (*fig. 37*) où ce défaut est supprimé.

A est un gros électro ayant à peu près 40 mètres

de fil de 6/10 à 8/10 de millimètre ; il sert à la fois à produire l'étincelle par l'induction du courant sur lui-même et à commander le mouvement du levier B.

B est un gros fil de cuivre terminé d'un côté par un ressort à boudin et de l'autre par un balai de minces fils de cuivre ; au milieu est soudée une petite barre de fer E ; les arrêts (c) et (D) limitent la course de cette pièce.

Au repos, le balai appuie sur la lame. Lorsqu'on presse sur le bouton, l'électro soulève le petit levier, le courant est rompu au moment où le balai cesse de toucher la lampe, il se produit un rapide va-et-vient comme dans le trembleur des bobines d'induction, et les étincelles qui éclatent entre le balai et la lampe allument celle-ci.

R. M.

Allumeurs-extincteurs.

On désigne sous ce nom une classe d'appareils disposés de telle sorte qu'on puisse, à distance, les allumer ou les éteindre.

Nous n'en décrirons qu'un, dont la simplicité est une garantie de fonctionnement régulier. La figure 38 le montre schématiquement. Un tube en U, à moitié rempli d'eau, a ses deux branches fermées par des bouchons, dont l'un porte un tube effilé E arrivant à un centimètre de la flamme à souffler. L'autre bouchon reçoit : 1° un tube de plomb T analogue à celui des sonneries à air, et allant jusqu'à l'endroit d'où l'appareil doit être manœuvré. Là, ce tube se termine par une poire de caoutchouc C ; 2° un petit manomètre à mercure M, formé d'un simple tube deux fois recourbé.

Voyons ce qui va se produire au moment où nous presserons la poire de caoutchouc ; si la lampe est allumée, elle va être soufflée par l'air chassé par le tube T. Continuons à comprimer ; le mercure, en s'élevant dans le manomètre M, vient rencontrer deux fils de cuivre, fermant ainsi le circuit qui con-

Fig. 38

tient la pile et la spirale, et l'allumage se produit.

Ainsi une faible pression instantanée (une chiquenaude donnée sur la poire, par exemple), produira l'extinction ; au contraire, une pression plus forte, un peu prolongée, produira l'allumage.

Allumage des foyers

L'électricité peut être appliquée très utilement à l'allumage des foyers ordinaires, tels que les cheminées ou les poêles.

Quand il gèle à — 15°, on ne saurait qualifier de sybaritisme la précaution qui consiste à allumer son feu avant de sortir du lit. Dans d'autres cas, il peut

4.

être utile, sans exiger la présence d'un homme qui n'intervient que pour poser une allumette, d'allumer un feu préparé la veille au soir, soit pour le chauffage d'un atelier avant l'arrivée des ouvriers, soit pour la mise en pression d'une machine à vapeur.

Supposons pour un instant qu'une mèche stéarinée soit passée sous la grille, et aboutisse à la lampe de l'allumeur extincteur dont nous avons parlé ; il n'en faudra pas plus pour effectuer l'allumage à distance.

Mais voici une solution plus pratique qui rappelle

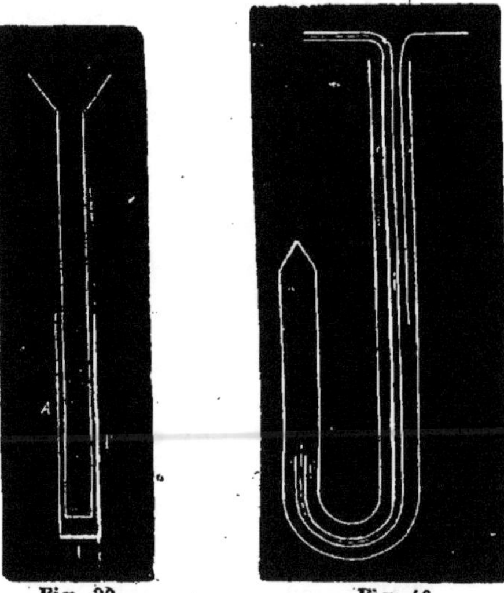

Fig. 39 — Fig. 40

la mise à feu des fourneaux de mine. Un fil de platine l, de 5 $^{m/m}$ de longueur et 1/20 de millimètre de diamètre est soudé à l'extrémité de deux fils de cuivre, nus, de 10 centimètres de longueur (*fig. 39*). On empâte ce fil dans un peu de poudre à canon délayée dans la gomme arabique, et le tout est placé dans un tube de papier *A*, qu'on remplit avec un mélange de salpêtre et de charbon, en des proportions telles que le mélange brûle sans déflagration violente.

Le courant, lancé par une horloge à l'heure voulue, aura pour effet de rougir le fil de platine, qui mettra le feu à la poudre et, par suite, au combustible qui l'entoure.

Il est facile de n'avoir que peu et même pas de ratés ; cependant, pour le cas où ce fait aurait une importance, il est bon d'avoir un moyen de contrôle. La même horloge enverra donc, un quart d'heure après l'allumage, un courant dans une sonnerie placée à portée de la personne intéressée ; mais ce courant devra passer à travers un thermomètre, à contact, qui est placé à proximité du foyer et qui intercepte le passage du courant, s'il a été échauffé. On conçoit qu'il est facile de construire un tel thermomètre qui peut être si grossier qu'on hésite à lui donner ce nom. Nous le formons d'un tube recourbé dont la plus courte branche est fermée, et dans lequel on verse un peu de mercure. Un fil, dont l'extrémité seule est dénudée, est enfoncé dans le tube, et cette extrémité remonte dans la branche fermée, à une hauteur telle que, plongée dans le mercure à la température ordinaire, elle en sorte lorsque l'appareil est échauffé. Un second fil plonge constamment dans le mercure (*fig. 40*).

Nous terminons ici cet aperçu, espérant, chers lecteurs, que quelques-uns d'entre vous y trouveront l'occasion d'un passe-temps aussi instructif qu'utile. Prenez donc en main le marteau et la scie, et bonne chance !   F. D.

ALLUMETTE ÉLECTRIQUE

Disposez sur une console une plaque métallique sur laquelle vous pourrez placer une lampe à essence minérale, en cuivre, et mettez votre plaque métallique en communication avec l'un des pôles d'une pile,

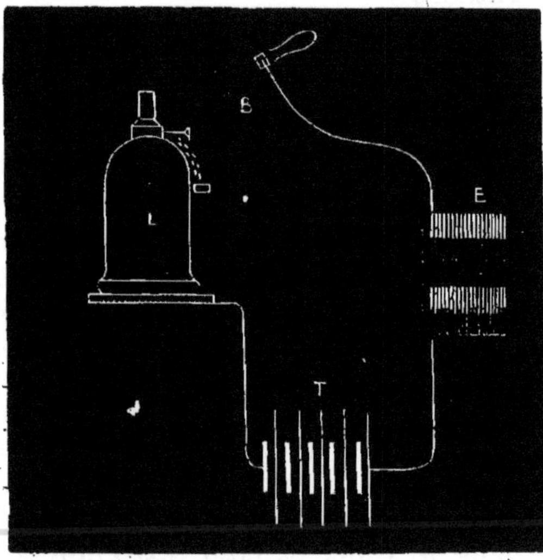

Fig. 41

pendant que l'autre pôle communique, au moyen d'un fil souple, avec un petit balai en laiton. Chaque fois que vous frotterez le balai sur la bobèche de la lampe, au voisinage de la mèche, il se produira une série d'étincelles qui détermineront l'allumage. Il est bon d'intercaler dans le circuit un électro-aimant E armé, dont la self-induction augmente la puissance de l'étincelle de rupture. Voici les principales données de construction d'un appareil que nous avons établi :

La pile T est formée de cinq éléments Leclanché, de 15 c/m de haut, à zinc circulaire de 8 c/m de diamètre, et sans vase poreux. (Le charbon et le bioxyde enfermés dans un sac de toile.) Ces éléments sont groupés en tension.

L'électro E a les dimensions suivantes :

Diamètre des noyaux en fer.....	10 $\frac{m}{m}$
Longueur des noyaux.............	35 $\frac{m}{m}$
Distance d'axe en axe...........	32 $\frac{m}{m}$
Largeur des culasses...........	11 $\frac{m}{m}$
Epaisseur.....................	8 $\frac{m}{m}$
Diamètre extérieur des bobines recouvertes de fil.............	30 $\frac{m}{m}$

Les bobines sont remplies de fil de cuivre de 1 $\frac{m}{m}$ de diamètre, recouvert d'une couche de coton.

Le balai B, muni d'un petit manche en bois, est formé de fils de laiton dur, de 4/10 de m/m de diamètre. Il va sans dire que lorsque l'appareil ne sert pas, les deux pôles de la pile doivent être soigneusement écartés, car un court circuit se prolongeant plusieurs heures aurait pour effet d'épuiser la batterie. Le mieux est d'accrocher, après chaque emploi, le balai B à un petit crochet disposé à cet effet sous la console.

F. D.

Extinction automatique d'une lampe
laissée allumée par oubli

Beaucoup d'amateurs ont installé chez eux un petit éclairage électrique; les piles au sel (Leclanché grand débit, Goodvin, etc.), grâce au peu d'entre-

tien qu'elles demandent, sont généralement choisies.

Malheureusement, il arrive souvent qu'on oublie
de rompre le circuit, et la lampe reste allumée pendant un temps parfois très long ; lorsqu'on s'aperçoit de l'oubli, les piles sont complètement polari-
sées, la charge est usée, le zinc couvert de cristalli-
sations, ce qui demande un nettoyage fort désagréa-

Fig. 42

ble. Voici un dispositif très simple que j'ai adopté
pour éviter cet inconvénient (*fig. 42*).

A est un électro-aimant à faible résistance ; lorsqu'on veut allumer la lampe, on presse sur le bouton *D*, le courant passe dans l'électro qui attire le
morceau de fer doux *B* et fait toucher les deux ressorts de cuivre *e g* ; ce qui réunit électriquement les
bornes *d* et *c* même lorsqu'on cesse de presser sur
le bouton *X* ; la lampe reste donc allumée. Pour
l'éteindre, il suffit de presser sur le bouton *X*, le
courant passe par le bouton au lieu de passer par
l'électro, le fer doux retombe, le contact *e g* est rom-
pue et la lampe s'éteint. Si, par oubli, on laisse la

lampe allumée, les piles se polarisant, l'électro n'a plus la force de soutenir le barreau, il retombe, le contact $e\,g$ est rompu, la lampe s'éteint et tout] dégât est évité. Il va sans dire que cette installation ne s'applique qu'aux piles au sel ammoniac où la polarisation est relativement prompte (10 minutes à 25 minutes, selon le modèle).

R. M.

RÉVEIL ÉLECTRIQUE

C'est surtout aux jeunes gens que je m'adresse, à ceux qui, se couchant trop tard, se réveillent difficilement le matin pour se rendre à leur travail. Tous savent, par expérience, que le réveille-matin ordinaire a une puissance très limitée ; aussi, depuis longtemps, a-t-on fait des réveille-matin électriques

Fig. 43

si simples que tout le monde peut les fabriquer avec un réveil ordinaire et une sonnerie électrique. Encore faut-il que le commutateur ne soit pas à portée du dormeur, sans quoi, une fois la sonnerie arrêtée, Morphée revient, et l'heure passe.

Et l'hiver ! c'est bien pis, dans ces chambres de garçon, souvent sans feu : rien de chaud à prendre au saut du lit... br...

Avec la disposition suivante, tous ces inconvénients sont supprimés.

Nous avons besoin, comme matériel :

1° *De deux réveils*, que nous mettons en communication, l'un *avec une sonnerie électrique*, l'autre avec un vulgaire *fourneau à pétrole* ;

2° *D'un ballon en verre* d'une capacité d'un litre environ et d'un tube deux fois recourbé.

Etablissons les appareils.

Des deux réveils nous retirons les sonneries ordinaires et nous les remplaçons par une plaque de cuivre, de telle sorte que, quand le mouvement se déclanche pour sonner, la communication est établie entre les deux bornes du réveil.

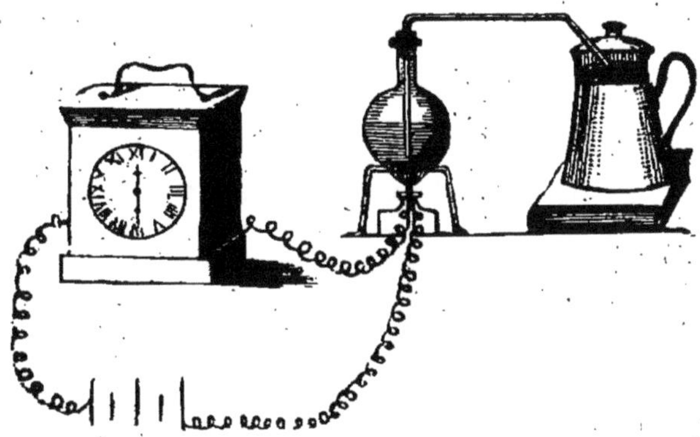

Fig. 44

Tout près de la mèche du fourneau à pétrole, nous plaçons un fil fin de platine en communication avec les deux pôles d'une pile.

Dans le circuit de la sonnerie électrique, intercalons un réveil, et dans le circuit du fourneau, l'autre réveil.

1° Le soir, avoir soin de mettre sur le fourneau le ballon rempli à moitié d'eau et communiquant, par le tube recourbé, avec le réservoir à café d'une cafetière ordinaire. (*Pour cela, on perce un trou dans le couvercle de la cafetière et on y introduit une branche du tube*).

2º Mettre le réveil communiquant avec le fourneau à 6 heures moins 1/4 ;

3º Celui qui communique avec la sonnerie, à 6 heures juste.

Quand ce dernier vous réveillera le lendemain matin, vous n'aurez qu'à sauter du lit et à vous servir une tasse de café qui sera bouillant, car celui ci sera confectionné sans que vous y songiez.

Voici ce qui s'est passé pendant votre sommeil :

A 6 heures moins 1/4, le premier réveil a établi la communication entre la pile et le fil de platine : celui-ci a rougi suffisamment pour emflammer la mèche du fourneau. L'eau du ballon s'est échauffée et la vapeur, n'ayant aucune issue, s'est accumulée au-dessus du liquide jusqu'au moment où la tension de cette vapeur, dépassant la pression atmosphérique, a refoulé l'eau bouillante par le tube, jusqu'à la cafetière. Mais il faut que le tube arrive à quelque distance du fond du ballon (2 ou 3 centimètres), afin qu'il reste toujours un peu d'eau dans le ballon, pour éviter la casse de celui-ci. G. H.

Répétition électrique des heures.

L'appareil envoyeur se compose tout simplement d'une petite lame de cuivre très souple et isolée que l'on place dans une pendule ordinaire au-dessus du marteau de la sonnerie de façon que celui-ci soit en contact avec elle quand il se soulève pour frapper sur le timbre. Cette lame est reliée à l'une des bornes de la sonnerie, l'autre borne à la pile, la pile à une partie métallique quelconque de la pendule.

Chaque fois que le marteau de la pendule se soulève, l'électro de la sonnerie attire le fer doux soudé au ressort d'acier qui tend à l'en éloigner et la

boule de cuivre fixée à l'extrémité du ressort à boudin qui lui fait suite vient frapper sur le timbre.

Le ressort à boudin doit être souple pour que la
petite boule ne fasse que frapper le timbre sans que,

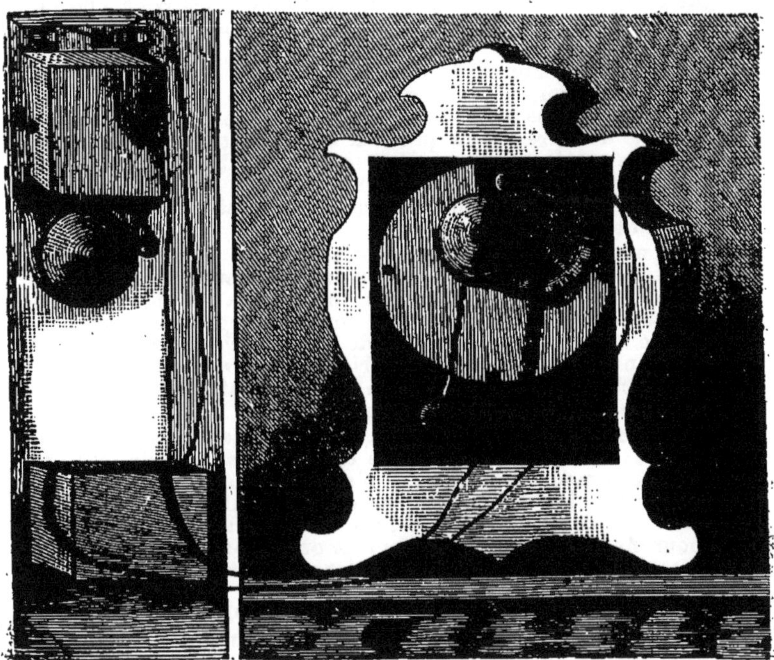

Fig. 45. — Répétition électrique des heures

pendant le temps assez long que le fer doux est
attiré, elle reste collée contre le timbre, ce qui l'em-
pêcherait de résonner.

R. M.

NOTA : C'est au lever du marteau que le contact doit
avoir lieu, voilà pourquoi l'auteur recommande de placer la
lame de cuivre *au dessus* de ce dernier. — Le marteau se
lève lentement et s'abat d'un coup sec. Si l'on plaçait la
lame en dessous, le coup sec ne donnerait pas un contact

assez prolongé pour qu'il soit possible d'obtenir de la sonnerie autre chose qu'une vibration à peu près silencieuse du marteau.

Lorsqu'on a une sonnerie électrique toute montée, il suffit d'installer la pendule dans le circuit, à la manière *d'un simple bouton de contact*, pour faire sonner l'heure à l'un ou à plusieurs de ses timbres électriques, ce qui ne manque pas d'originalité.

Ce que j'ai trouvé de plus original dans l'installation que j'ai faite de cette façon, c'est la propriété qu'a acquise ma pendule, arrivée au bout de son rouleau, je veux dire de son ressort. de faire savoir qu'elle a besoin d'être remontée. Elle annonce cet événement intéressant par un charivari de toutes les sonneries qui ne s'arréte que lorqu'on accourt pour la faire taire en lui donnant satisfaction, c'est-à-dire en la remontant.

Je n'oublierai jamais la surprise que me causa la révélation de cette propriété : c'était la nuit, toute la maisonnée reposait paisiblement lorsque commença le charivari ! — (C'est depuis ce jour que j'ai construit mon allumoir électrique d'après les indications de *La Science en Famille*, et je m'en trouve très bien). — Nous découvrons le *pot aux roses*, c'était la pendule ; voici ce qui s'était passé, et le lecteur me saura gré de ce renseignement.

Le ressort de la sonnerie, en se détendant, perd de plus en plus de sa force, il soulève donc le marteau de plus en plus lentement, et, lorsqu'il n'a plus d'action, le marteau monte très lentement jusqu'au contact où il reste. Le contact étant établi en permanence, les sonneries se mettent à vibrer pour ne s'arrêter qu'au moment où, l'horloge remontée, le ressort tendu a de nouveau la force de pousser le mécanisme et de faire retomber le marteau.

On s'aperçoit que l'horloge a besoin d'être remontée à ce fait que la sonnerie devient de plus en plus lente et que les timbres, au lieu de sonner une fois à chaque coup de marteau de l'horloge, sonnent deux, trois, etc., coups, suivant que le ressort est plus près de sa détente complète.

Mon horloge se trouvait dans le circuit en même temps que mes *contacts* épars dans diverses pièces de la maison, j'ai profité de ce fait pour mystifier quelques amis en leur faisant accroire que mon horloge sonnait l'heure au commandement. Un *compère* placé dans la pièce voisine, le doigt sur le contact, attendait mes ordres. Au commandement : *sonnez midi !* il sonnait midi, ce que le timbre placé près de l'horloge répétait consciencieusement, à l'ébaubissement des spectateurs. Vous pouvez essayer.

F. Ottmann.

INSTALLATION D'UN VERROU DE SURETÉ

Par le temps qui court, il est quelquefois, sinon toujours, utile de se mettre en garde contre certaines visites domiciliaires imprévues et désagréables. Si l'on ne peut les éviter, au moins est-il facile de forcer messieurs les voleurs à s'annoncer.

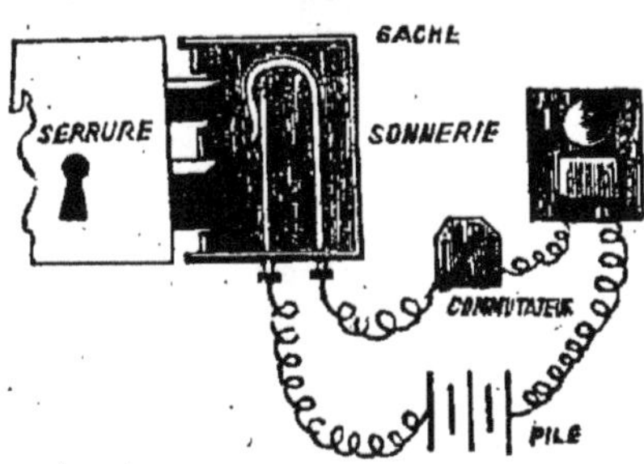

Fig. 47

Il existe déjà des contacts de portes qui remplissent ces fonctions, mais ils sont d'une pose généralement difficile, et encore on arrive assez facilement à annuler leurs effets, même du dehors.

En voici un très simple et qui fonctionne à merveille.

Dans la gâche de la serrure sont placées deux lamelles de cuivre, dont l'une fait ressort, et disposées comme l'indiquent les figures ci-contre.

Dans la figure 47, la porte étant fermée à double tour, le pène repousse la tige *a*, de sorte que la communication est interrompue.

Si l'on cherche à ouvrir la porte et que le pène soit, *par un tour* de clé, ramené vers l'intérieur, la tige *a*, sollicitée par élasticité, revient vers la tige *b*, et rétablit la communication, de telle sorte que la sonnerie électrique marche sans interruption, au grand désespoir du visiteur importun, à moins qu'un habitué de la maison, connaissant la place du commutateur situé près de la porte, ne coupe le circuit.

La figure 48 représente les lames quand la porte est ouverte.

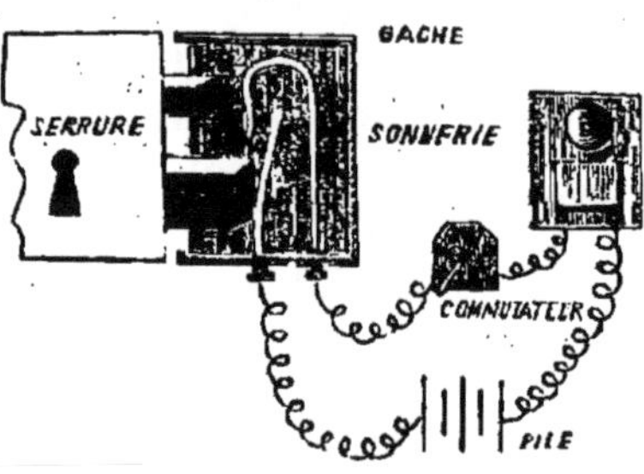

Fig. 48

Installez chez vous un semblable système et vous serez prévenu non qu'on y entre, mais qu'on cherche à y entrer, avantage réel que vous apprécierez, et cela d'autant plus que le seul bruit produit par la sonnerie suffira pour gêner terriblement l'opérateur modeste qui aime la tranquillité.

*
* *

Une variante à cette installation consisterait à remplacer la sonnerie électrique par une petite lampe à incandescence. On aurait ainsi de la lumière en entrant chez soi.

Une autre variante, dont le caractère fantaisiste plaira certainement à quelques lecteurs, consisterait à substituer à la sonnerie un de ces petits animaux en carton qui servent de jouets aux enfants, et dont le support est formé par un soufflet qui, par simple pression, simule l'aboiement du chien ou le bêlement du mouton. Un petit électro-aimant fixé à la planchette inférieure, une pièce de fer doux mainte-

nue sur celle du haut, suffiront à produire, lorsque
le courant passera, une suite d'appels qui ne man-
queront pas de surprendre toute personne non pré-

Fig. 49

venue. La figure précédente indiquera du reste
suffisamment le dispositif à adopter pour qu'il soit
inutile que nous nous étendions plus longuement
sur ce sujet.   G. H.

Un avertisseur d'effraction.

On a souvent construit des appareils fort compli-
qués pour produire une détonation au moment de
l'ouverture d'une porte, ou du déplacement d'un ob-
jet quelconque. Nous avons vu, il y a quelque temps,
un appareil très simple qui répond au même but,
d'une façon qui nous semble ne rien laisser à désirer.

Cet appareil se compose d'un canon vertical, cylindrique extérieurement, et percé d'une lumière suivant son axe. Cette lumière est prolongée par une
cheminée sur laquelle entre une capsule.

Le canon chargé étant placé verticalement, la capsule en bas, il suffit de le laisser tomber d'une petite hauteur pour provoquer la détonation, d'ailleurs inoffensive, puisque le coup part verticalement, et du côté de la porte opposé à celui où l'on entre.

Le canon entre donc librement dans une douille

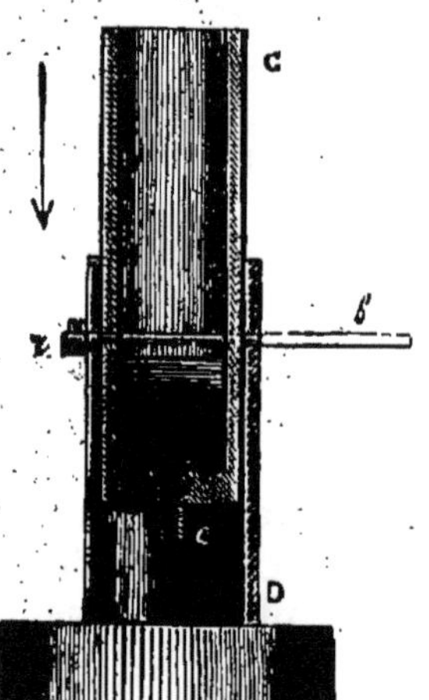

Fig. 50

D, où il est retenu à une certaine hauteur par une barre b, sur laquelle il s'appuie.

On conçoit qu'un léger déplacement de cette barre suffit pour mettre en liberté le canon, dont la chute s'effectue sous l'action de son propre poids.

r est la charnière qui forme l'articulation de la barre b.

Tout l'appareil est monté sur un pied, et il suffit de l'approcher de la porte, en mettant celle-ci en contact avec la barre b.

Si la porte s'ouvre en sens inverse de celui pour lequel l'appareil a été construit, on arrive facilement, au moyen d'une corde ou d'une baguette de bois, par exemple, à disposer une articulation qui produit le résultat désiré.

Il va sans dire que, pour éviter tout accident, on ne met la capsule qu'au dernier moment et après avoir placé l'appareil, et que, chaque fois qu'on le désarme, on commence par retirer ladite capsule. Prudence est mère de sûreté.

INSTALLATION D'UN CONTACT

POUR

PORTE D'ARMOIRE OU DE COFFRE-FORT

Voici la manière excessivement simple d'établir un contact pour les portes des armoires ou des coffres-forts que l'on voudrait protéger.

Prenez un morceau de planchette, une charnière, une petite lamelle de fer-blanc ou de cuivre, une vis ou un piton, une petite roulette de bois ou de métal. Vous trouverez certainement tout cela dans votre appartement, dans les ferrailles, au fond de

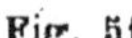

<table>
<tr><td>Fig. 51</td><td>Fig. 52</td></tr>
</table>

quelques boîtes. Au besoin, vous casserez une boîte inutile et elle vous fournira tout ce qu'il vous faudra, planchette, vis et charnière, sauf la roulette, à moins que vous ne la tailliez dans un des côtés.

Votre planchette aura cinq ou six centimètres de large, dix à vingt de long, comme il vous conviendra.

Au centre d'un des petits côtés, vous faites une entaille, une fente rectangulaire, un peu plus longue que le rayon de votre roulette, et vous fixez la charnière au petit côté opposé, comme l'indique la figure 51.

Dans l'entaille, vous placez votre roulette de manière que sa tranche dépasse la tranche de la planchette, et, sur une des faces de la planchette,

5.

vous clouez la lamelle de cuivre, comme l'indique la figure 52.

Avant de clouer la lamelle métallique, vous y avez fixé un bout de fil conducteur, votre contact est terminé.

Vous le fixez à l'un des rayons du meuble par le moyen de la charnière, de telle sorte qu'il se trouve placé perpendiculairement à la porte fermée et du côté de la serrure.

Lorsque la planchette est couchée sur le rayon, elle doit dépasser ce dernier de trois ou quatre centimètres, comme l'indique la figure 53.

Il ne reste qu'à placer la vis ou le piton.

A cet effet, vous soulevez la planchette, et vous enfoncez la vis ou le piton, même un simple clou,

Fig. 53 . Fig. 54

dans l'épaisseur du rayon, de telle sorte que, lorsque vous laissez retomber la planchette, cette dernière vienne appuyer sur la vis la lamelle métallique, comme l'indique la figure 54.

Vous souriez d'un air entendu, je vois que vous avez compris. Si vous reliez la vis, piton ou clou à un fil conducteur, et la lamelle métallique au deuxième fil conducteur, le contact est établi et le courant circule ; vos timbres électriques entrent en vibration.

Si, maintenant, vous soulevez la planchette et que vous la renversiez en arrière en la faisant tourner autour de sa charnière, le courant est interrompu.

Cette démonstration faite, ramenez de nouveau la planchette sur la tête de la vis. C'est la porte de votre armoire ou de votre coffre-fort qui va se charger désormais de rompre ou d'établir le contact.

Fermez la porte ; la voilà qui bute sur la roulette ; celle-ci se met à tourner en remontant le long du panneau. La planchette se soulève, le courant est interrompu (*fig. 55*).

Entr'ouvrez légèrement la porte, celle-ci, en s'éloignant, donne la liberté à la planchette qui retombe sur la tête de vis en établissant le courant (*fig. 56*). La sonnerie fonctionne aussi longtemps qu'on n'a pas relevé la planchette.

Fig. 55

Fig. 56

Si l'on ne veut pas que le contact fonctionne, on n'a qu'à renverser la planchette en arrière.

Le coffre-fort auquel j'avais adapté un contact pareil à celui-ci avait un rayon métallique. Pour pouvoir y adapter mon appareil, j'ai doublé préalablement le rayon métallique d'une planche de bois mince.

J'ai toujours été très satisfait de cet instrument dont la simplicité même est la garantie d'un bon fonctionnement.

F. OTTMANN.

Inviolabilité des coffres-forts, coffres à bijoux, armoires, etc.

DISPOSITIF ÉLECTRIQUE
DONNANT LA SÉCURITÉ LA PLUS COMPLÈTE.

Depuis longtemps on se préoccupe de cette question, et l'électricité est toujours mise à contribution. Nous avons déjà indiqué bien des dispositions permettant de s'assurer « *contre les voleurs* »; et, certainement, elles sont plus que suffisantes. Mais..... abondance de biens ne nuit pas, et nous allons parler d'une installation très simple. S'agit-il d'assurer l'inviolabilité d'un coffre-fort ou d'un meuble quelconque placé à quelque distance, dans un magasin, par exemple ? Rien n'est plus simple, il suffit d'installer un contact de porte, le plus simple possible : une lamelle de cuivre fixée dans l'embrasure, une autre sur la porte, celle-ci étant fermée, le contact est établi. Le tout est mis en communication avec une sonnerie modifiée comme nous allons l'indiquer.

La figure 57 représente une sonnerie ordinaire dont tout le monde connaît maintenant le fonctionnement : il serait donc fastidieux d'en expliquer le mécanisme. La figure 58 représente cette même sonnerie pour notre usage ; nous avons ajouté à la sonnerie ordinaire une borne C (1) communiquant avec la tige t du marteau. C'est tout ce qu'il y a à modifier. Il s'agit maintenant de l'installer : la borne A est mise en communication avec le pôle — d'une pile dont le pôle + est relié par un fil conducteur

---

(1) L'emploi de cette borne est facultatif. On peut mettre en communication la tige du marteau avec le fil dérivé + en faisant passer celui-ci par un petit trou pratiqué dans la caisse de la sonnerie.

à la lamelle métallique placée dans l'embrasure de
la porte du coffre-fort ; par un autre fil conducteur,
la lamelle de la porte est reliée à la borne *C*. D'autre
part, un fil de cuivre met en communication la

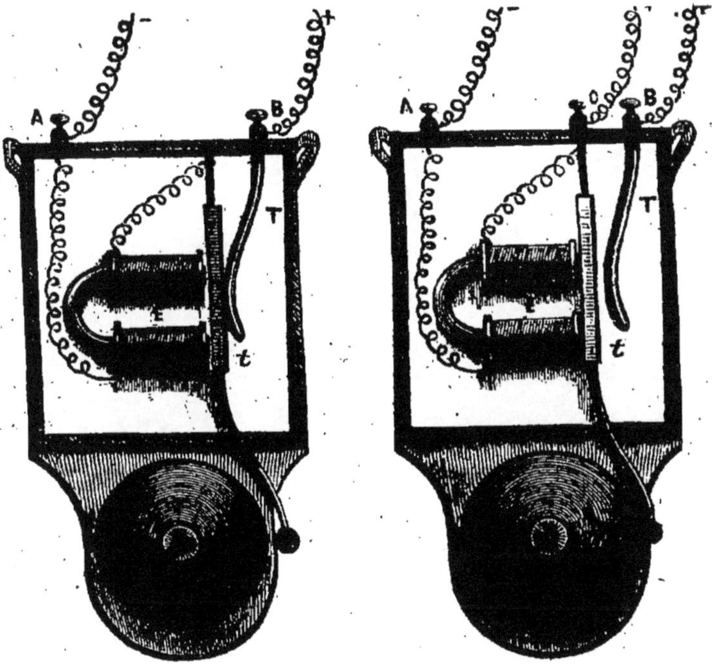

Fig. 57   Fig. 58

borne *B* et le pôle + de la pile qui reçoit ainsi deux
conducteurs, la figure 59 est le schéma de cette installation : un commutateur permet d'éviter le carillon quand le propriétaire lui-même ouvrira son
coffre-fort. Ce commutateur est, cela va sans dire,
installé dans la chambre à coucher, non loin de la
sonnerie.

Voyons maintenant ce qui se passera. En temps

ordinaire, c'est-à-dire quand le coffre-fort est fermé, le courant est fermé par suite du contact des deux lamelles de cuivre ; l'électro-aimant *E* est actif et retient la tige *t* du marteau. Le courant vient-il à être rompu *d'une façon ou d'une autre*, cet électro-aimant devient inerte et abandonne la tige qui, sollicitée par son ressort de base, vient buter contre le ressort *T* (*fig. 58*) qui est lui-même en communica-

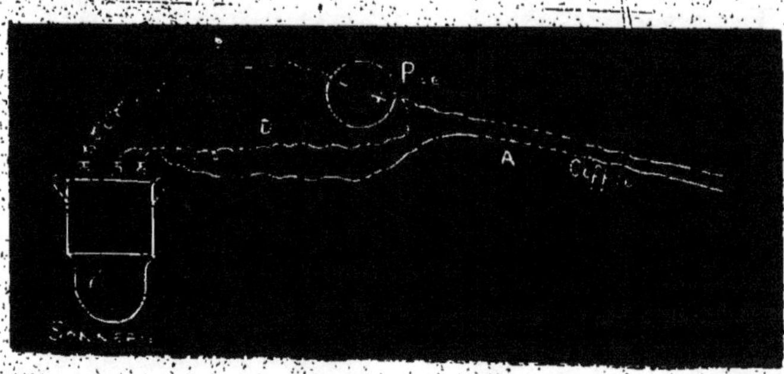

Fig. 59

tion avec le pôle + de la pile, le courant passe de la tige dans la borne *C*, et, par conséquent, dans l'électro qu'il aimante de nouveau : nouvelle attraction qui se trahit par un coup de timbre. Mais la tige a dû quitter le ressort *T* ; le courant est donc de nouveau rompu, et l'électro-aimant abandonne la tige qui revient au ressort : nouveau passage du courant, nouvelle attraction, deuxième coup de timbre, etc.

Un intrus vient-il à forcer votre coffre ? vous êtes immédiatement prévenu, le courant a été coupé par l'ouverture de la porte, et votre sonnerie fonctionne. Le voleur a-t-il quelques notions d'électricité ? les fils conducteurs, qu'il aura bien soin de rechercher, lui indiqueront votre installation, et il s'empressera de les couper pour isoler le coffre, et alors... votre sonnerie fonctionnera de plus belle, le courant ayant été rompu tout aussi bien que dans le premier cas. C'est bien simple, comme vous le voyez.

Il existe bien des dispositifs analogues pour se garantir des visites intéressées et généralement nocturnes, mais elles n'offrent de sécurité qu'autant qu'elles sont personnelles et inconnues des autres. Les livrer à la publicité, c'est souvent leur ôter toute garantie, car la vaste association des cambrioleurs renferme certains déclassés pour lesquels un article de ce genre est une bonne aubaine et un enseignement pour l'exercice de leur profession lucrative. Tel n'est pas le cas d'installation dont nous avons parlé. Que l'opérateur importun connaisse votre installation ou qu'il l'ignore ; qu'il coupe les fils conducteurs ou qu'il les laisse subsister, le résultat est le même et se traduit par un carillon qui vous prévient de sa visite. Que peut-on désirer de mieux et de plus simple ?

Nous prions les personnes qui s'occupent de cette partie de la physique, de vouloir bien nous soumettre les observations qui pourraient bien leur être suggérées par cette installation ; nous les en remercions à l'avance, nous promettant d'en faire profiter nos aimables lecteurs.

G. HUCHE.

FIN

TABLE DES MATIÈRES

Étampes et Paris. — Imp. " LA SEMEUSE " 20152